公共建筑暖通动力系统设计与运行
——应对公共卫生突发疫情篇

张伟伟　编著　梁庆庆　审定

中国建筑工业出版社

图书在版编目（CIP）数据

公共建筑暖通动力系统设计与运行——应对公共卫生突发疫情篇／
张伟伟编著. —北京：中国建筑工业出版社，2020.4
　　ISBN 978-7-112-24944-2

　　Ⅰ.①公… Ⅱ.①张… Ⅲ.①公共建筑－供热系统－系统设计
②公共建筑－通风系统－系统设计 ③公共建筑－空气调节系统－
系统设计 Ⅳ.①TU83

中国版本图书馆CIP数据核字（2020）第039681号

　　　公共建筑的空调通风系统是与建筑的卫生防疫息息相关的系统，面对突发的新型冠状病毒肺炎疫情，今后如何运行成为大众关注的话题。因此，本书系统阐述了未来的公共建筑空调通风系统如何设计，现有建筑的空调通风系统如何改造与运行等问题。主要内容包括：新型冠状病毒肺炎等呼吸道传染病简介；空气传播疾病与空调通风系统；应对空气传播疫情公共建筑空调通风系统设计；应对空气传播疫情公共建筑空调通风系统运行对策；应对空气传播疫情公共建筑空调通风系统的清洗维护；呼吸道传染病医院医用气体系统设计；呼吸道传染病医院柴油发电机房配套系统设计；呼吸道传染病医院锅炉房设计。

　　　本书可供暖通专业设计人员、公共建筑的物业管理人员参考使用。

责任编辑：何玮珂　辛海丽
版式设计：锋尚设计
责任校对：赵　菲

公共建筑暖通动力系统设计与运行
——应对公共卫生突发疫情篇
张伟伟　编著
梁庆庆　审定

*
中国建筑工业出版社出版、发行（北京海淀三里河路9号）
各地新华书店、建筑书店经销
北京锋尚制版有限公司制版
廊坊市海涛印刷有限公司印刷
*
开本：850×1168毫米　1/32　印张：4½　字数：117千字
2020年5月第一版　2020年5月第一次印刷
定价：30.00元
ISBN 978－7－112－24944－2
　　　　（35675）

前　言

　　面对突发的新型冠状病毒肺炎疫情，公共建筑的空调通风系统如何运行成为令人关注的话题。2020年2月14日习近平总书记主持召开了中央全面深化改革委员会第十二次会议，强调要完善重大疫情防控体制机制，健全国家公共卫生应急管理体系。

　　公共建筑的空调通风系统是与建筑的卫生防疫息息相关的系统，特别是对空气传播的病毒疾病而言。因此，本书系统阐述了应对突发公共卫生疫情时，公共建筑空调通风系统如何设计与改造，现有建筑的空调通风系统如何运行；并对呼吸道传染病医院动力保障系统（诸如医用气体系统、柴油发电机的配套系统、锅炉房系统）的设计、改造等问题进行了详细论述。

　　为了更好地适应健全国家公共卫生应急管理体系的总体要求，本书以应对突发空气传播疫情的角度，系统阐述了公共建筑的空调系统、通风系统和动力系统如何进行设计与运行；暖通的设计理念应该随之更新，暖通空调设计应该按平时工况和疫情工况两种情况进行设计。本书中提到的传染病医院主要指针对呼吸道传染病医院或病区，主要是针对呼吸类传染病的诊疗中所需要保障的空调通风系统以及动力系统的设计和应急运行措施。希望本书能够对建立完善的公共卫生应急管理体系提供一些参考。

本书共分为8章及附录，主要内容简介如下：

第1章介绍呼吸道传染病与新型冠状病毒肺炎的概况。

第2章介绍空气传播疾病与空调通风系统的关系，并从工程设计角度研究分析论证了"最小安全通风量"。

第3章为应对突发空气传播疫情和适应国家健全的公共卫生体系的要求，暖通的设计理念和设计规范应该更新，分析了适合疫情工况的设计理念和技术措施。

第4章为应对突发疫情公共建筑的空调通风系统运行对策。介绍了办公建筑、酒店建筑、普通医院建筑及"方舱医院"的空调通风系统运行对策，希望对物业部门运行管理空调系统提供一些参考指导。

第5章介绍了应对空气传播疫情，中央空调系统清洗的必要性和清洗方法。

第6章介绍了呼吸道传染病医院或病区的医用气体设计。

第7章介绍了呼吸道传染病医院柴油发电机房配套系统设计。

第8章介绍了呼吸道传染病医院锅炉房设计。

附录选取了一些设计案例，供参考。

本书中所引用的内容来自正式出版的规范、手册、书籍和已发表的文章，在此对相关作者表示感谢！

本书第1～4章、第7章和第8章由张伟伟编写；

第5章由刘建华编写；

第6章和附录3由雍思东、田贵全编写。

参编单位：四川港通医疗设备集团股份有限公司

山东格瑞德集团有限公司

青岛海信日立空调系统有限公司

上海盛世欣兴格力贸易有限公司

东芝开利空调销售（上海）有限公司

向以上参编单位提供的技术支持和资料表示鸣谢。

华建集团华东都市建筑设计研究总院资深总工程师梁庆庆负责本书的审定工作，提出了很多宝贵的意见和建议，特此鸣谢！

由于编者水平所限，错误之处在所难免，望各位读者不吝批评指正。

编者

2020年2月

目　录

第1章 新型冠状病毒肺炎等呼吸道传染病简介

本次新型冠状病毒肺炎疫情来势汹汹，截至2020年2月17日已经感染了7万多人，呼吸道传染性疾病严重威胁了人民的身体健康和生命安全，为了加强对呼吸道传染疾病形成原因及传播机制的认识，提高对空调通风设计与传染病防疫防控的认识，本章简要介绍新型冠状病毒肺炎及其他呼吸道传染性疾病。

1.1 新型冠状病毒肺炎（COVID-19）

对新型冠状病毒及其传播机理的认识随着研究的进展在不断地深入，本节所介绍内容，仅为截至2020年2月23日有关"COVID-19"的官方公开的研究成果。

新型冠状病毒肺炎，英文名"COVID-19"简称"新冠肺炎"，是指2019年新型冠状病毒感染导致的肺炎。2019年12月，湖北省武汉市部分医院陆续发现了多例由华南海鲜市场暴露史的不明原因肺炎病例。在短短时间内由武汉蔓延至全国各个地区。2020年1月20日，国家卫生健康委员会（国家卫健委）公告，将新型冠状病毒肺炎（COVID-19）纳入国家乙类传染病，并采取甲类传染病的预防、控制措施[1]。

新型冠状病毒属于β属的冠状病毒，有包膜，颗粒呈圆形或椭圆形，常为多形性，直径60~140nm[2]。根据现有的流行病学调查，人群普遍易感，老年人及有基础疾病者感染后病情较重，儿童及婴幼儿也有发病。目前已确诊儿童最小年龄为

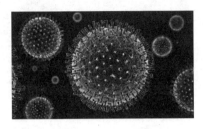

图1-1 新型冠状病毒

出生后36h[3]。多种证据表明该病毒的源宿主来自野生动物，与蝙蝠中分离的一种冠状病毒的相似性最高，有无中间宿主及潜在中间宿主尚未明确（图1-1）。

新型冠状病毒感染的肺炎患者的临床表现为：以发热、乏力、干咳为主要表现，鼻塞、流涕等上呼吸道症状少见。约半数患者多在一周后出现呼吸困难，严重者快速进展为急性呼吸窘迫综合征、脓毒症休克、难以纠正的代谢性酸中毒和出凝血功能障碍。值得注意的是，重症、危重症患者病程中可为中低热，甚至无明显发热。部分患者起病症状轻微，无发热，多在1周后回复。多数患者预后良好，少数患者病情危重，甚至死亡。

新型冠状病毒感染的肺炎疫情暴发后，国家卫健委发布了《新型冠状病毒感染的肺炎诊疗方案》，并通过分析疫情形势和研究进展，组织专家对前期医疗救治工作进行分析、研判、总结，对诊疗方案不断进行修订。2020年1月28日，国家卫建委通报出院标准：临床症状缓解，体温正常，两次核算检测都呈阴性，才能确保出院没有传染性。

1.2 呼吸道传染疾病特性

呼吸道传染疾病是指咽喉、鼻腔、气管、支气管等部位遭病原体侵袭

之后引起的一系列具有传染性的炎症性疾病，包括SARS冠状病毒肺炎、流行性感冒、麻疹、水痘、流脑、肺结核等。2018年12月发表的《Lancet Respire Med》中指出下呼吸道感染是全球感染疾病死亡的主要原因之一[4]。

（1）SARS冠状病毒肺炎

SARS是严重急性呼吸综合征（Severe Acute Respiratory Syndrome）的英文缩写，病原体为冠状病毒的一个变种。2002年底开始至2003年上半年SARS在我国大陆及香港，以及东南亚等地区大面积爆发流行，导致很多人感染。全球病死率为11%（图1-2）。

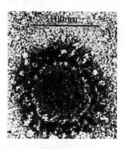

图1-2　显微镜下的SARS病毒

香港大学最先于2003年3月22日宣布分离出一种未知的冠状病毒。2003年4月12日加拿大BC肿瘤研究所基因组科学中心（BC Cancer Agency's Genome Sciences Center）首先完成了该病毒的全基因组测序。2003年4月16日，WHO在各家研究成果的基础上，宣布了这一种冠状病毒为SARS的病原体，并命名为SARS-CoV。

中国科学院武汉病毒研究所研究员石正丽带领的国际研究团队分离到一株与SARS病毒高度同源的SARS样冠状病毒，进一步证实中华菊头蝠是SARS病毒的源头。已有流行病学证明和生物信息学分析表明，果子狸是SARS冠状病毒的直接来源。该团队分离的SARS冠状病毒可以利用人、果子狸和中华菊头蝠ACE2作为其功能受体，并且能感染人、猪、猴以及蝙蝠的多种细胞。这些试验结果为中华菊头蝠是SARS冠状病毒的自然宿主提供了更为直接的证据。

SARS病毒的传播途径主要为近距离飞沫传播和密切接触传播。关于SARS病毒通过气溶胶在空气中传播还有待于进一步证实。例如香港威尔士亲王医院、天津武普医院、起源于M宾馆的香港人群的最初感染暴发和

"淘大花园暴发流行"事件说明了SARS病毒空气传播的可能性。

（2）肺结核

结核病是由结合分枝杆菌引起的慢性传染病，可侵入许多脏器，以肺部结核感染最为常见。人体感染结核菌后不一定发病，当抵抗力降低或细胞介质的变态反应增高时，才可能引起临床发病。

肺结核是通过空气传播的一种呼吸道传染性疾病。肺结核患者将结合分枝杆菌咳出体外，进入空气中形成气溶胶，然后被正常人吸入后引起肺部的感染性病变。

预防肺结核主要有三种方式

1）控制传染源，早发现早治疗；

2）切断传播途径，注意开窗通风和消毒；

3）保护易感人群，接种卡介疫苗，加强锻炼增强抵抗力。

（3）流行性感冒

流行性感冒简称流感，是由流感病毒（influenza viruses）引起的急性呼吸道传染病，能引起心肌炎、肺炎、支气管炎等多种并发症。

流感病毒属于正粘病毒科，流感病毒颗粒呈球形，由外膜和包围于其中的核衣壳组成。流感的主要传染源是患者和隐形感染者，主要通过打喷嚏、咳嗽时散布到空气中的飞沫、人和人之间的接触或被流感病毒污染物品的接触传播（图1-3）。

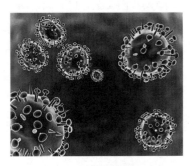

图1-3　流感病毒

流感病毒具有高度传染性，所以极易发生流行，甚至是世界范围的大流行。我国是流感多发国，1957年以来的三次世界流行流感都起源于我国。我国流感的多发流行季节主要是11月到第二年的2月，有的流感甚至延到春季和夏季。

流感预防的措施包括

1）可以及时注射疫苗；

2）加强锻炼，提高身体免疫力。

（4）流脑

流脑是由脑膜炎双球菌引起的化脓性脑膜炎。病原菌借咳嗽、喷嚏、说话等由飞沫直接从空气中传播，因其在体外生活力极弱，故通过日常用品间接传播的机会极少。

（5）麻疹

麻疹主要由麻疹病毒引起，麻疹患者为主要传染源，从潜伏期末至出疹后5天内都具有传染性。该病主要经呼吸道传播，在咳嗽、打喷嚏、说话时，以飞沫形式传染易感者。

（6）水痘

水痘是由水痘-带状疱疹病毒引起。该病的传染源为水痘患者，通过飞沫或直接接触感染者的皮损处传染。

参考文献

[1] WHO确认"非典"病原体是冠状病毒的一个变种，央视国际（引用日期2013-11-01）

［2］国家卫生健康委员会．关于印发新型冠状病毒感染的肺炎诊疗方案（试行第五版）的通知．国卫办医函［2020］103号

［3］应艳琴，温宇等．2019-nCoV病毒感染流行期间儿童分级防控建议．中国儿童保健杂志）

［4］GBD 2017 Influenza Collaborators. Mortality, morbidity, and hospitalisations due to influenza lower respiratory tract infections, 2017: an analysis for the Global Burden of Disease Study 2017. Lancet Respir Med, 2018.12

第2章 空气传播疾病与空调通风系统

民用建筑的室内空气品质依靠通风换气解决，温湿度控制依靠空调系统解决，目前民用建筑的空调系统一般是把二者耦合统一由空调系统来解决。通过空气传播的病毒，与建筑空调通风系统的关系最密切。因此本章主要阐述空气传播的呼吸类传染病与空调通风系统的关系。

2.1 空气传播与气溶胶传播

空气传播与气溶胶传播到底是什么关系，应该说空气传播包含了气溶胶传播和飞沫传播，这些传播途径都是通过空气这个载体进行传播的。正如许仲麟研究员等人指出，气溶胶传播是空气传播的一个重要组成部分。气溶胶（包括100μm以下的飞沫和飞沫核）是空气传播的一部分，但它比面对面的大飞沫传染危险性要小得多，它的可被感染的病毒剂量要小得多，病毒活性也要弱得多[1]。

气溶胶是指含有悬浮在空气中的0.001~100μm的由固体或液体微粒分散并悬浮在空气中形成的多相体系。气溶胶在人们的周围非常常见，只要气溶胶不被病毒附着，就没有致病的危害性。日常生活中所见的气溶胶微粒如表2-1所示。

人体活动产生的气溶胶微粒[1]　　　　　表2-1

活动	粒/（min·p）（≥0.05μm）		
	普通工作服	一般尼龙服	全套型尼龙服
坐着	3.39×10^5	1.13×10^5	5.58×10^4
坐下	3.02×10^5	1.12×10^5	7.42×10^3
手腕上下移动	2.98×10^6	2.98×10^5	1.86×10^4
上体前屈	2.24×10^6	5.38×10^5	2.42×10^4
腕自由运动	2.24×10^6	2.98×10^5	2.06×10^4
头部上下左右运动	6.31×10^5	1.51×10^5	1.10×10^4
上体扭动	8.50×10^5	2.66×10^5	1.49×10^4
屈身	3.12×10^6	6.05×10^5	3.74×10^4
脚动	2.80×10^6	8.61×10^5	4.46×10^4
步行	2.92×10^6	1.01×10^6	5.60×10^4

　　气溶胶最常见的来源就是咳嗽、打喷嚏的时候所产生的飞沫，如果飞沫里有细菌、病毒，就会随着气溶胶在空气中传播。气溶胶的大小决定了传播的远近，颗粒越大，传播的距离相对较近，即便被主动吸入，也是沉积在上呼吸道中；颗粒越小，颗粒就飘得越远，也容易穿透进入下呼吸道。图2-1为日本《空气净化手册》描述的人打喷嚏产生的飞沫和气溶胶。

　　气溶胶会通过空气传播，可能通过全空气空调系统的回风口进入

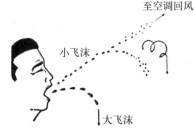

图2-1　打喷嚏产生的飞沫

到风管系统，传播到其他房间，因此在进行空调通风系统设计时需考虑相关问题，使空调系统创造更健康、更安全的环境。

另外有研究表明，在温度20℃，相对湿度40%的环境中，光滑的物体表面新型冠状病毒可以存活达5天。在干燥的环境当中，新冠病毒的存活时间为48h，在空气当中2h后活性明显下降[5]。由此可见，环境中空气的温湿度环境，对防控新冠病毒的传播意义重大。

目前已公开确认的肺结核是通过空气传播的一种疾病。SARS病毒已有通过气溶胶传播的例证。新冠病毒是否通过空气传播，本书不予论述。

文献［2］指出，非典时期的病毒为纳米级尺度，这种病毒主要通过呼吸道飞沫传播，病原体可以在外界生存4～8h，因此空气成了这种病毒的主要传播媒介。文献［3］指出，各类大型公共建筑很容易通过空调系统使建筑物内的空气相互掺混，某处有污染物的空气通过空调系统传播至其他房间。

呼吸系统传染病的主要传播方式包括了飞沫传播、飞沫核传播、毒素宿源的尘埃、分泌及排泄物的传播，因此空气传播途径的控制对于冠状病毒的控制尤为重要[4]。

图2-2为清华大学赵彬教授的研究成果，描述了人咳嗽呼出的飞沫传

数值模拟   流体实验

图2-2 人咳嗽呼出飞沫传播

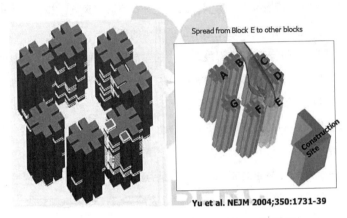

图2-3　香港淘大花园非典病毒通过空气传播的模型

播。图2-3为赵彬教授研究的非典时期香港淘大花园发生的病毒通过空气传播的案例。

从以上相关文献和相关研究成果可以看出，病毒是可以通过空气进行传播的，因此中央空调系统特别是全空气系统如果设计和运行不当，很容易成为传播病毒的媒介。特别是在面对突发的重大空气传播疫情时，中央空调系统具有比较大的隐患。

2.2　空气传播疾病与空调通风系统

在新型冠状肺炎等呼吸道传染病传染期间，应明确空调系统在卫生防疫工作中的作用及影响，关注医疗建筑中的空调系统所存在的隐患，积极采取防止病毒传播的相关措施，尽可能减少空调通风系统造成的病毒传播。

2.2.1 空调通风系统在卫生防疫中的作用

暖通空调系统通过工程手段实现对传染和危害的控制，这些手段包括稀释性通风（新风系统）、污染物的排出（排风系统）、气流流向的控制、过滤技术，以及对温度和湿度的控制。

相关文献提出：空调所解决的室内空气品质问题，与卫生防疫所解决的室内污染和交叉感染问题，是两个不同的领域。前者主要应对人在长期的低浓度的室内污染作用下的生理、心理反应。在有限时间段内，这种低浓度污染要么使人群产生适应性；要么造成部分人群的亚健康问题。后者主要应对室内某一超过人体接受限度的污染物所引起的疾病，以及某一已知污染物在建筑物内的传播问题[6]。

文献 [7] 中提到ANSI/ASHRAE/ASHE标准170—2008《医疗设施的通风标准》编写委员会主席Richard Hermans先生强调，在通风不佳的医疗场所空气传播的病原体无处不在，病患、医护工作者及探访者可能因呼吸而被感染。因此，空调系统的合理设计及运行对防疫工作有着一定的影响。

对于普通公共建筑，比如办公、酒店、商业等，目前的空调设计规范规定了最小的新风量，这个是最低要求，主要是为了解决室内空气品质问题。而对于医院建筑，特别是传染病医院，新风最小换气次数是为了解决控制污染和交叉感染的问题，对于有洁净度要求的医用房间，由净化空调系统来解决。

下面解释一下几个非常重要的概念，以下用了美国ASHRAE的《医院空调设计手册》中的概念性定义和相关内容[8]。

（1）稀释性通风和污染物的排出

对于空调系统来讲，一般是指新风和排风系统，二者是结合在一起考虑的。通过加强室内通风换气，排出污染的空气，降低室内的污染物浓度或颗粒物浓度。这个通风的效果取决于两个关键因素，空气置换率（或称为换气次数）和新风系统使得清洁空气在整个空间中充分混合的相对效率。

（2）气流流向的控制

气流流向控制指根据特定的功能要求控制气流流入或流出房间，或单向地流过房间内指定的清洁区域。气流流向的控制是通过不同空间的相对压差完成的。而空气压差不仅取决于房间新风量和排风量的大小，还与建筑围护结构的密闭性有很大关系。

通常认为要维持空间之间定向的气流，一般要保证126m³/h的空气流量，或最小2.5Pa的压差。排风口或回风口的位置对房间内的气流组织影响很小[8]。

（3）空气过滤技术

效率为90%～95%的过滤器可去除99.9%的细菌和大小相当的微粒，高效过滤器（HEPA）去除不小于0.3μm颗粒的效率不低于99.97%。高效过滤器不仅可以去除微粒、细菌和霉菌，对于依附在微粒上的活性病毒也是有效的。但是如果过滤器的封垫和构架发生泄漏，过滤效率就会大大降低。

（4）环境温湿度的控制

病毒或细菌是否能长期存活与环境的温度和相对湿度有很大关系，不同的微生物（细菌、病毒和真菌）的存活率在不同温湿度条件下不同，具体定量分析还取决于不同的微生物种类。

通过突发的新冠肺炎疫情，常规的空调通风系统是否能安全应对，现有的设计规范是否能满足国家建立新的卫生防疫体制的要求，都是需要进一步研究和讨论的问题。

2.2.2　空调通风系统在空气传播疫情时存在的隐患

在病毒传播期间，由于建筑内人员流动的复杂性会给空调的运行管理带来很多挑战，另外空调设计施工运行管理中也可能存在其他遗留问题，这些隐患都需认真排查解决，避免病毒通过空调系统传播。

以下简要介绍几种空调系统、空调设备及部件在新冠肺炎等呼吸道传染病传染期间存在的隐患。

（1）全空气空调系统

大空间多采用全空气空调系统，回风经过回风口及回风管送至空气处理机组与部分室外新风混合后，再经空调机组热湿处理后经送风管及形式多样的风口送至室内。在新型冠状肺炎传播期间，若病毒气溶胶通过回风口进入空调系统，有可能发生传播感染。

（2）风机盘管加新风系统

小房间通常采用风机盘管加新风系统。当新风不承担室内负荷，即新风处理到室内空气焓值，室内的热、湿负荷全部由风机盘管承担时，湿负荷将以凝结水的形式集于冷凝水盘后由凝结水管排出室外。通常情况下风机盘管都处于湿工况运行状态，容易滋生霉菌。

（3）冷凝水系统

在病毒传播期间，病毒易通过空气处理过程进入空调机组或风机盘管的冷凝水系统中，存在病毒滋生成长和传播的风险。

（4）全热交换器

全热交换器的核心器件是全热交换芯体，室内排出的空气和室外送入的新鲜空气通过芯体交换温度和湿度。当室内出现疫情，病毒易通过排风口进入全热交换器，这时新风在温湿度交换过程中易携带病毒，并通过新风系统传播。

（5）排风口位置

外墙上排风口若临近人员活动区，当室内排风口处存在病毒，极易随排风系统排出室外，若原有排风系统仅为普通排风系统，缺少有效的过滤措施，则经过排风口处的人员易感染病毒。

2.2.3 空调系统防止病毒传播的相关措施

（1）采用过滤净化技术

正确运用生物净化技术，能给呼吸道传染病医疗用房的通风空调设计带来方便[8]。为了保证带有回风的风机盘管用于呼吸道传染病房时的安全性，设计采用了高效过滤手段。风机盘管采用带亚高效过滤器的高静压医用机组。每间病房的排风口处单独设置高效过滤器（H13），并设有定风量控制阀和密闭风阀。排风从高空排放。

（2）风机盘管干工况运行

风机盘管处于干工况运行状态，不产生凝结水且杜绝了细菌的滋生，改善了房间的空气品质。

（3）设置合理的物理分区和气流组织

通风都能够有效降低感染率，大的通风量不仅能够快速稀释感染者所呼出的飞沫核从而降低感染率，而且能够快速移除室内污染物，使得室内污染物浓度能够快速下降[9]。

对于传染病医院，特别是呼吸道传染病医院，要严格按照三区两通道进行物理隔离，压力梯度从高到低为清洁区→半污染区→污染区，房间气流组织应防止送排风短路，送、排风口的设置应使清洁空气首先流过房间中医务人员可能的工作区域，然后流过传染源进入排风口。

（4）新风口与排风口的合理设置

空调新风系统的取风口应设在清洁的环境里且直接从室外引入。为保证新风质量，避免排风系统的排风口与新风系统的取风口发生短路，杜绝新风机房的负压现象，避免机房内部空气混入新风。

（5）冷凝水集中收集处理

在传染病医院中，飘浮在空气中、附着在灰尘颗粒上的病菌会被阻隔在空调机组换热盘管上，并随着冷凝水排出。这些病菌有可能使人致病，所以应该避免将空调冷凝水排到裸露的地面，而应该将冷凝水通过冷凝水管排放，集中处理达标后再排放。

（6）可靠的报警保护措施

中国工程建设标准化协会标准《新型冠状病毒感染的肺炎传染病应急医疗设施设计标准》T/CECS 661—2020第7.0.4条提出送风、排风系统的各级空气过滤器应设置压差检测、报警装置的要求[10]。

系统设计的时候应充分考虑风机故障时可能在医院内任何区域出现的污染或交叉感染的现象，要有相应的对策。送风和排风系统应该有故障保护措施（如使用双风机、单向风阀等）。另外送风和排风系统应该设有故障保护和声光报警装置。任一风机发生故障时均会报警[11]。

在每个房间的送排气风管应安装电动密闭阀，且与配置风机连锁，风机停止时密闭阀关闭。每间隔离病房外显眼处设置微压监控器，或其他可视监控器，并确保隔离病房的护理人员可以听到紧急报警。所有风量和警报信号应可直接连至医院的控制中心或医院管理系统，万一发生紧急情况可以迅速采取果断措施。

2.3　气溶胶传播最小安全通风量分析

根据国家卫健委于2020年2月18日发布的《新型冠状病毒肺炎诊疗方案》（试行第六版）指出：在相对封闭的环境中长时间暴露于高浓度气溶

胶情况下存在经气溶胶传播的可能。

关于中央空调是否会传播新冠病毒的问题，暖通行业的各位专家学者和设计师们也在积极建言献策。目前主要存在两种观点：一是中央空调不会造成病毒的传播或者传播的概率很小，没必要严格切断或关闭空调系统；二是中央空调有可能造成病毒的气溶胶传播，因此需要采取各种技术措施。

作者更为赞同第二种观点，病毒是否通过气溶胶传播既是医学问题也是暖通问题，需要病毒专家、气体动力学专家和暖通专家共同进行论证。而且还有个问题需要深思，病毒即使能够通过气溶胶传播，但是否一定能够造成病毒感染呢？这又是另外的医学问题，接触或吸入病毒是否一定感染，是个复杂的医学问题，需要长期研究加以论证。

文献[12]得出结论，当通风量不小于每人呼出空气量的10000倍时，病人所在区域的空间是安全的。

作者认为，即使发生气溶胶传播疫情，室外的空气也都是相对安全的，因为病毒携带者呼出的病毒很快就会被无限大的空气所稀释，病毒气溶胶会随风飘散。而病毒要达到一定浓度和剂量，才会使人发生感染，因此相对而言在室外空间发生感染的机率很小的。除非在医院附近的住宅小区或公共建筑，可能周边空气病毒浓度较大，开窗通风有一定风险。其他离医院很远的建筑，开窗自然通风造成感染的机率非常小。从以上分析可以看出，探寻最小安全通风量只有对室内封闭空间才有意义。以下将从工程设计角度进行论证。

人的呼吸量取值为$0.3m^3/h$[12]，呼出空气中CO_2所占百分比按4.5%。室外空气中的CO_2浓度取值为400ppm。根据现有的设计规范规定的最小新风量，计算室内CO_2的浓度。

根据公式：

$$Q \times (\rho_1 - \rho_0) = W \qquad (2-1)$$

可以推导出： $$\rho_1 = \rho_0 + \frac{W}{Q} \qquad (2-2)$$

式中　　Q——每人的新风量指标（m^3/h）；

　　　　ρ_1——室内空气中的CO_2浓度（ppm）；

　　　　ρ_0——室外空气中的CO_2浓度（ppm）；

　　　　W——每人呼出空气中的CO_2的含量（m^3/h）；

其中 $W = 0.3 \times 4.5\% = 0.0135 m^3/h$。

根据文献［12］的研究，最小"安全新风量"为呼吸空气量的10000倍，即人均新风量3000m^3/h，表2-2计算在现有设计新风量的情况下室内CO_2的浓度以及达到安全新风量所需增加的新风量。

现行规范设计最小新风量及室内CO_2浓度值　　表2-2

	人均新风量指标（m^3/h或h^{-1}）	新风量/呼气量的倍数（倍）	室内CO_2浓度（ppm）	人员密度（m^2/p）	室内净高（m）	安全新风量换气次数（m^3/h）	新风量增加百分数（%）
办公	30	90	850	6	3	167	10000
病房	（2）	300	550	15	3	67	3333
商业	19	63.3	1111	4	4	188	15789
餐饮	30	90	850	2	4	375	10000
客房	50	166	670	15	3	67	6000

按照10000倍的"最小安全通风量"的说法，现有的新风系统设计时所增加的新风量非常大，工程上很难实现。从以上分析可以得出：

1）以CO_2作为标的物来解读病毒的运行规律值得商榷。

2）以10000倍的呼吸空气量计算出来的最小安全通风量，工程上可实施性较小。

3）病毒的气溶胶传播非常复杂，传播和感染之间又很难建立联系，病人呼出的空气中的病毒浓度究竟是多少，要有多少量的病毒才能感染都值得进一步研究。

4）即使证明新型冠状病毒会通过气溶胶传播，室外的空气也是相对安全的，开窗进行通风不存在问题，不必过于恐慌。

5）在疫情期间，封闭区域或通风不良的室内空间存在不安全因素，进入此类空间须佩戴口罩及做好个人防护。

📖 参考文献

[1] 许仲麟，张彦国，曹国庆，潘红红. 气溶胶传播不可怕. 洁智园微信公众号

[2] 龙惟定，周辉. "非典" 引出的对空调的反思. 暖通空调，2003，33

[3] 江亿，薛志峰，彦启森. 防治非典时期空调系统的应急措施. 暖通空调，2003，33

[4] 李著萱，孙苗. 呼吸道传染病医疗环境控制与医院的非医学防控措施. 暖通空调公众号

[5] 李兰娟：新冠病毒空气中能活48小时. GBD 2017Influenza

[6] 龙惟定，周辉. "非典" 引出的对空调的反思 [J]. 暖通空调，2003（33）：8~12

[7] 沈晋明，朱青青，孙甜甜. ASHRAE170医院通风标准的评述 [J]. 暖通空调，2009，39（4）：56~60

[8] 美国ASHRAE协会. 医院空调设计手册. 北京：科学出版社，2004

［9］钱华，郑晓红，张学军. 呼吸道传染病空气传播的感染概率的预测模型
　　［J］. 东南大学学报（自然科学版），2012，42（3）：468~472

［10］T/CECS 661—2020，新型冠状病毒感染的肺炎传染病应急医疗设施设
　　计标准［S］.

［11］中国制冷学会"抗击新冠肺炎空调（供热）系统专家小组".关于进入
　　新冠病毒通过"气溶胶传播"的几点释义和建议.中国制冷学会公众号

［12］Yi Jiang, Bin Zhao, Xiaofeng Li, Xudong Yang, Zhiqin Zhang, Yufeng
　　Zhang.Investigation a safe ventilation rate for the prevention of indoor
　　SARS transmission: An attempt based on a simulation approach.BUILD
　　SIMU, 2009, 2: 281~289

第3章 应对空气传播疫情公共建筑空调通风系统设计

本书第2章论述了空调通风系统与空气传播的关系，以及应采取的一些技术措施。中央全面深化改革委员会第十二次会议，强调要完善重大疫情防控体制机制，健全国家公共卫生应急管理体系。公共建筑的空调通风系统是与卫生防疫息息相关的系统，特别是对空气传播或气溶胶传播的病毒疾病而言。

疫情过后，暖通专业的设计理念和行业规范可能都需要更新，比如是否可以参考人防设计分为平时和战时系统一样，空调通风系统的设计也考虑平时工况和疫情工况两种情况，本章将探讨应对这两种工况时空调系统如何进行设计。另外，健康建筑的理念应该更加大力发展。

3.1 应对空气传播疫情公共建筑空调通风系统设计

3.1.1 新风系统设计

现行的设计规范，新风量标准是满足人员最小新风量的要求。新风的作用是什么，不同阶段有不同的认识。18~19世纪，新风的目的在于控制室内人员呼出CO_2的危害。19世纪末，通风用来稀释室内空气中的微生物，减少疾病传播风险。20世纪30年代，Yaglou C.P. 的研究将新风的作用定义为满足室内的舒适,并将室内主要污染物定性为生物散发物,并将 CO_2 确定为生物散发物的指标。而且随着人们对室内空气品质要求不断提高,新风的作用已发展到颗粒物污染控制到化学污染控制,并提出分子污染的概念[1]。

对于呼吸道传播的病毒来讲,病毒一般是附着在室内的污染物颗粒上,在空气中存在,这个颗粒的尺度一般是气溶胶的尺度,通过气流的运动产生传播,因此又可以定义为气溶胶传播。对于颗粒物的净化,阻隔式过滤器是最好的形式。但是,通风换气仍然是最有效的净化方法。美国 ASHRAE62 标准也指出,不允许完全用空气净化器替代室外新鲜空气,因此对于控制室内病毒浓度,通风换气,无论是机械通风还是自然通风,都是最好的方法。

但是对于空气传播疫情的控制,通风量多少才能保证室内安全是一个比较复杂的问题。因为首先几个基本参数不好确定:一是病人呼出的病毒浓度;二是气溶胶传播的规律;三是健康的人呼入多少浓度的病毒才能被感染。这三个基本数据还有可能和不同的病毒特性有关系。其中第三个参数还和不同人体的免疫有关系,免疫力不同,发生感染所要的病毒浓度又不同。

正如下面公式中所示, G、C_i 值的确定是关键因素。

$$Q = \frac{G}{(C_i - C_0)E_v}$$

式中　　G——污染物(病毒)散发量(mg/s);

　　　　C_i——从健康角度考虑的病毒浓度限值(mg/L);

　　　　C_0——室外空气的病毒浓度,可以取 0mg/L;

　　　　E_v——通风效率。

综上所述,安全通风量的研究涉及不同的专业领域,如病毒学、空气动力学和暖通专业。比如针对这次新冠病毒疫情，国家卫生健康委员会指出，在封闭环境中，长时间接触高病毒浓度的空气，会发生气溶胶传播。因此医护人员是处于最危险的环境。安全通风换气量仅仅是其中的一个基础性数据。

正因为安全通风量涉及很多领域，估计这些基础数据一时间也难以研究出来，对于不同类型的病毒，基础数据可能各不相同。甚至可能找不到一个安全的通风换气次数，但是我们可以研究，当发生空气传播疫情时，在医护人员或人们都戴口罩的情况下，多少的通风换气可以显著降低室内空气污染物的浓度，同时也不消耗大量的能源，而且在实际设计工作中又具有可实施性。

对于工程设计来讲，还是需要简化为人员的新风量指标，以便于操作。表3-1为现在不同的民用建筑新风量设计指标。

民用建筑人员现设计新风量指标　　　　表3-1

房间名称		人均使用面积（m²/人）	新风量（m³/h·人）	噪声标准[dB（A）]	备注
酒店建筑	客房 5星	16	50	≤35	
	客房 4星	16	40	40	
	客房 3星	14	30	40	
	餐厅、宴会厅多功能厅 5星	2	30	45	
	餐厅、宴会厅多功能厅 4星	2	25	45	
	餐厅、宴会厅多功能厅 3星	1.5	20	50	
	大堂、中庭 4～5星	5	10	50	
	大堂、中庭 3星	4	10	50	
	商业服务 4～5星	5	20	50	
	商业服务 3星	4	10	55	
	美容理发	4	30	45	
	健身房	5	40	40	

续表

房间名称		人均使用面积（m²/人）	新风量（m³/h·人）	噪声标准［dB（A）]	备注
商业建筑	影剧院	2.5	14	50	
	游艺厅	3	30	50	
	酒吧、咖啡厅	2	30	45	
	超市	2	19	50	
	商场	3	19	50	
	餐饮	2.5	30	50	
文化建筑	博物馆	4	19	≤45	
	音乐厅	2.5	14	50	
	展览厅	4	19	≤45	
	图书馆	4	20	≤40	
交通建筑	公共交通厅等候室	2.5	19	55	
办公建筑	高级办公	8	30	≤40	
	一般办公	4	30	≤45	
	会议室（小）	3	14	≤45	
	会议室（大）	2.5	14	≤50	
体育建筑	体育馆	2.5	19	55	
	游泳馆	—	50	55	
	观众席	2.5	20	55	
学校建筑	教室 小学	1.4	24	45	
	初中	1.7	24	45	
	高中	2.0	24	45	
	大学	2.2	24	45	
	幼儿园	3	30	45	

续表

房间名称			人均使用面积（m²/人）	新风量（m³/h·人）	噪声标准[dB（A）]	备注
医院建筑	门诊楼	门诊室	—	（2）	45	
		急诊室	—	（2）	45	
		配药室	—	（5）	45	
	医技楼	放射室	—	（2）	45	
	病房楼	病房	—	（2）	40	

注：新风量（）内的数值为换气次数，单位：次/h。

那么疫情工况时新风量的指标还有待进一步的研究成果。从表3-2可以看出，加大通风换气次数，室内颗粒的浓度会减少，相应的室内的病毒浓度也会减少，因此，应对空气传播疫情时空调系统加大新风量运行是可行的措施。在设计新风系统时，就需要考虑变新风量运行的可能性，新风百叶、新风管道和新风机的选择都需按疫情工况考虑，自控系统在疫情时要能自动转换工况。

换气次数与去除颗粒所需时间　　　　表3-2

换气次数（h⁻¹）	去除99%颗粒所需时间（min）	去除99%颗粒所需时间（min）
2	138	207
4	69	104
6	46	69
8	35	52
10	28	41
12	23	35
15	18	28
20	14	21
50	6	8

注：本表摘自美国疾病预防控制中心（CDC）官网。

3.1.2 全空气系统变新风比设计

全空气系统分为定风量空调系统和变风量空调系统。定风量空调系统一般用于大堂、中庭、宴会厅、多功能厅、电影院、商业公共区域、体育馆、游泳馆和展览馆和博物馆的展厅等大空间。变风量空调系统在国内，主要应用于办公楼，其他场合较少应用。

国家标准《公共建筑节能设计标准》GB 50189—2015规定，设计定风量全空气调节系统时，宜采用实现全新风运行，或可调新风比的措施，并宜设计相应的排风系统。上海市地方标准《公共建筑节能设计标准》DG J08-107—2015规定，除塔楼外的所有全空气系统的总新风比不应小于50%。节能标准的规定是从节能角度出发考虑的，如果从控制空气传播的角度，加大新风比也是必要的。

核心筒形式的办公楼变风量系统，如果是通过新风竖井取风，很难实现变新风比运行。如果要加大新风比运行，在设计时需要考虑在当层取新风，提前和建筑师沟通好立面百叶如何设置。变风量系统变新风比设计，也可以实现在冬季或过渡季节直接给内区新风供冷，节省能耗。

其他大空间的定风量空调系统，相对容易实现变新风比或全新风运行，需在设计时注意设计好相对应的排风系统，并联动开启。

3.1.3 温湿度独立控制的设计理念

现在来看，温度和湿度分别独立解耦控制，不仅是空调系统节能设计的一个方向，同时也是应对空气传播疫情的一个设计理念。

温度和湿度分别独立控制，即室内的冷热盘管末端控制温度，新风系统控制湿度，同时新风系统负担通风换气，在疫情设计工况，加大新风量设计。风机盘管加新风系统，冷热辐射末端加新风系统是两种比较容易实现温湿度解耦的系统。

风机盘管可以设计为干工况运行,没有冷凝水的排放,没有集水盘,减少了细菌和病毒等微生物的滋生。冷热辐射末端,本身就要求干工况运行。对这两类系统而言,新风系统承担了全部的湿负荷,因此这样的系统适合于人员密度不大,湿负荷相对较小的场合,比如办公建筑的办公室,医院建筑的病房、诊室、部分医技用房,酒店建筑的客房等。

温湿度独立控制空调系统要求新风系统具有很强的除湿能力。对于水系统的方案而言,新风系统需要较低的供水温度,而末端系统干工况运行需要相对较高的温度。因此冷源系统应根据末端需求,设计两种不同的供水温度。比如新风系统采用5~6℃的供水,末端盘管采用16~18℃的供水。不同品质的水温分别加以利用可以更好地节约能耗,同时也有利于室内污染物浓度的控制。

温湿度独立控制空调系统要针对项目所在地的气候条件,项目的功能及空调负荷特点进行分析,采用不同的形式,见表3-3。

温湿度独立控制技术　　　　　　　　　表3-3

气候分区	温度控制技术		湿度控制技术	
	末端	冷源	末端	冷源
干燥地区 (I区)	干工况风机盘管	间接蒸发冷却	直接送室外新风	蒸发冷却除湿
	辐射末端	直接蒸发冷却		
潮湿地区 (II区)	干工况风机盘管	高温冷水机组	冷却除湿 转轮除湿 溶液除湿	低温冷水机组
	辐射板	土壤源水源换热系统	直膨式新风机	直膨式新风机室外机

3.1.4 空气过滤技术的应用

根据各方面的研究，对于病毒气溶胶尺度的过滤，文献［2］指出，病毒是附着在颗粒上以气溶胶形式传播的，微米级或亚微米级的气溶胶可以通过阻隔式的高效过滤器过滤。

一般飞沫粒径约为0.1～1000μm，100μm以上的飞沫很快沉降。10～100μm的飞沫颗粒在空气中水分蒸发、与空气中颗粒物撞击接触转化为小粒径飞沫，而这些飞沫都有可能携带病毒。1～10μm的携带病毒的飞沫颗粒如果浓度达到了医学上的感染剂量限值，就称为气溶胶传播。因此虽然冠状病毒的粒径约为0.1μm，但其附着的颗粒物粒径范围为1～10μm，最低设置亚高效过滤器就可以过滤。

另外一种过滤方式是电子式过滤器（紫外线灯、静电过滤器或光触媒过滤器）产生强氧化作用的臭氧杀灭空气中的微生物。文献［3］指出，在空调系统中不应安装臭氧、紫外线等消毒装置，因为这些措施可能不能立马把病菌杀死，反而可能造成"光复生"，使得病毒变异，传染性更强。WHO的专家也给出这个建议，因此对于即有建筑的全空气系统在应对突发疫情改造时需要慎重采用。

但需要进一步研究的是采用何种过滤形式，根据目前的研究成果，阻隔式过滤还是最有效的过滤方式，无论是对于洁净手术室还是微生物实验室，目前都是以采用此类方法为主。

常规普通的全空气系统，空气过滤器的等级一般为粗效+中效过滤器（静电或袋式）。如果增加亚高效过滤器，会增加系统阻力，其初阻力不大于120Pa，终阻力按240Pa考虑。如图3-1所示，系统阻力增加（由P_1到P_2），相应的系统风量将会减少（由Q_1到Q_2），相应的空调箱的制冷制热能力也会同比例减少。

按原系统阻力的不同，增加过滤器后造成的风量减少的百分比也不同，具体计算见表3-4，计算中新增加的亚高效过滤器的阻力按终阻力考虑。

亚高效阻隔式过滤器具有较好的效果。但目前常规的空调系统，一般只设计粗效加中效的过滤手段。从表3-4可以看出，常规的全空气空调系统，在空调箱内增设亚

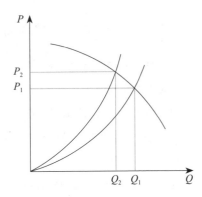

图3-1　管道阻力—流量运行曲线

高效过滤器后，风量及冷热量减少约20%。在设计时需要考虑在疫情工况下的变风量运行，或者也可以通过降低冷机供水温度增加制冷量的方法来实现。

如果维持常规空调工况不变，那么在疫情工况下，空调箱的制冷能力降低，在夏季工况会使得室内温度增高。常规空调工况室内温度一般按25℃设计，在疫情工况下，室内温度即使达到28～30℃，所造成的影响也不大，因为人体的舒适性范围是很大的。而且病毒一般在低温环境下的生存时间比高温环境下要长，因此适当提高室内温度有助于消灭病毒。空调箱的制热能力降低，冬季室内温度会低于原设计温度。但只要满足最低的

增设过滤器后对系统风量的影响　　　　表3-4

原空调箱风机风压（Pa）	所需风压（Pa）	风量减少百分比	冷热量减少百分比
800	1040	23%	23%
900	1140	21%	21%
1000	1240	19.3%	19.3%

防冻温度需要，应该是没问题的。

另外，在疫情期间，空调箱内增加亚高效过滤器是可行的。但是要定期更换亚高效过滤器，并妥善处理旧的过滤器，这个过滤器上可能会有病毒，在无法确认病毒是否具有活性的前提下，建议喷消毒水后再作为有害垃圾处理，更换过滤器的人员应有专业防护措施。

3.1.5 冷凝水分区收集处理和排放

普通民用建筑（除医院建筑）的空调冷凝水一般不会分区收集，更不会处理后再排放。但是根据清华大学赵彬教授的研究报告，在非典时期香港淘大花园发生了卫生间冲水引起的病毒气溶胶或引入的微生物可能沿管道上下层传播造成感染。对于疫情工况，或者预留将来在疫情期间可能作为收留空气传染疾病病人的建筑的某些楼层，这些区域的空调冷凝水必须单独收集，并经过处理达到现行国家标准《医疗机构水污染物排放标准》GB 18466的要求后再进行排放。另外冷凝水水封需要保证有水，以抑制污染气溶胶扩散。

因此，建议空调冷凝水系统的设计尽量采用分层水平干管排放，尽量避免采用垂直系统。这样的设计有利于疫情工况下的传染控制。

3.1.6 新风和排风系统形式

从控制空气传播疫情的角度或者应对疫情工况而言，新风系统和排风系统都建议设计为水平系统，尽量避免垂直系统设计。比如对于酒店建筑的客房和医院建筑的病房新风和排风系统，一般是设计为垂直系统。这样的系统应对疫情工况比较薄弱，容易造成上下层的污染传播。水平系统可以将污染控制在本层内。

但是对于水平系统，因为增加了水平干管，因此需要与建筑结构专业核对净高是否满足要求，这个问题在前期方案阶段就要解决。另外水平新风系统需每层设置新风机房，也需要在方案阶段就与建筑师沟通。排风系统每层设置水平干管，竖井内单独立管至屋顶排放，屋顶风机分层设置，也有利于疫情工况下的分层通风系统控制。

3.1.7　辐射供冷供暖技术

辐射供冷供暖技术也属于温湿度独立控制空调的一种形式，从舒适角度讲，供暖系统要比空调热风感觉舒适，主要原因是空调热风属于对流换热原理，而供暖系统，特别是辐射供暖系统主要以辐射形式进行换热，室内的围护结构及家具等的表面温度都会和室内温度比较接近，人体的感觉更加舒适。同样原理辐射供冷也让人感觉比较舒适。辐射空调还有一个优点就是噪声小，会进一步增加舒适感。

从防控空气传播疫情角度讲，辐射供冷供暖技术因为没有回风，所以相对而言更加安全，新风系统在常规工况下满足人员最小新风量要求及夏季室内的除湿要求即可。在疫情工况下，新风系统可设计为加大新风量运行。

3.1.8　温度和湿度参数的取值

温度和湿度的参数控制本身就是暖通空调系统的职责，但是常规暖通系统的设计，环境温度和湿度的取值是从满足人的舒适性要求出发的，如果是应对空气传播疫情，考虑病毒或细菌等微生物的存活和传播，那么温湿度的取值就需要重新修正。

对于普通的民用建筑来讲，温度还是从满足人们的舒适性角度来考虑。人员长时间逗留空间的可接受的温度范围为16～28℃，这个范围还是相当广的。从控制病毒传播的角度来讲，在疫情工况下，可以通过调节温度的设定值来尽量营造人可以接受但病毒又难以存活的室内温度。

对于相对湿度这个指标，人体可以接受的范围也很广，通常为 30%～70%。可以看出环境的相对湿度对于控制病毒感染有很重要的作用。在暖通设计时，如果经济技术允许，可以预留一定的相对湿度冗余调节空间，以应对疫情工况。

3.1.9 蓄能技术的应用

蓄能系统包括水蓄冷、冰蓄冷和水蓄热，如果有峰谷电价差，经技术性特别是经济性的比较，如果合理，建议尽量多地采用蓄能系统。蓄能技术不仅可以节省运行费用，而且从全国能源应用的大局出发，也是节能的。蓄能系统的应用有利于减少碳排放，既具有经济效益又有社会效益。

蓄能技术还有一个优势，就是将机组的运行和负荷的匹配之间进行了解耦，使得系统的适应性更好，不受机组最小负荷调节的限制。同时蓄能系统储存的冷量或热量本身就可以作为冷热源系统的备用，有利于应对突发的疫情工况。

3.2 传染病医院空调通风系统设计

传染病医院一般分为呼吸道传染病区和非呼吸道传染病区，本书主要探讨呼吸道传染病区的空调通风系统设计。目前设计主要依据的标准为《传染病医院建筑设计规范》GB 50849—2014，对于传染病医院，特别是呼吸道传染病区，与常规建筑的空调通风系统比较，有很多不同之处。

（1）传染病医院或病区应设置机械通风系统，不应采用自然通风的形式，因为自然通风是不可控的，无法满足严格的分区压力控制要求。

（2）应该严格按照建筑的物理分区，分别设置通风系统，清洁区、污染区和半污染区应该独立设置。即使对于普通的非传染病医院，在设计时，一般也建议将医护人员办公的清洁区的新排风系统与病人可能接触的污染区、半污染区分开设置的。这种设计理念在空气传播疫情工况下是正确的。

（3）病房卫生间排风不宜设计为共用竖井的垂直排风系统，应每层独立设置立管至屋顶排放。

（4）对于寒冷地区和严寒地区的传染病医院，不能设置空气幕。因为空气幕容易造成空气中病毒气溶胶的扩散，不利于控制交叉传染。

（5）中庭、门诊大厅、候诊区域可设计全新风直流系统，但是这种空调系统能耗特别大，在非空气传播疫情暴发期间，建议可以采用回风，但空调箱内需设计有亚高效过滤段。

（6）空调冷凝水应该分区排放并收集处理，因为传染病医院飘浮在空气中的病毒气溶胶会被阻挡在换热盘管上，并随着冷凝水排放，造成病毒的传播。因此对于传染病医院的空调冷凝水，禁止排放在裸露的地面上，而是建议水平分区单独立管排放后，经收集处理达标后再进行排放。

（7）应该严格压力分区，使得气流流向是从清洁区到半污染区再到污染区，压力控制通过新风量和排风量的多少进行控制。

（8）房间内的气流组织也要防止进风和排风短路，新风应该先送至医护人员的活动区域，排风一般设计为病人床头的下排风口，经高效过滤器后再排放。此处的高效过滤器应该定期地更换。

（9）各房间的新风和排风系统支管上应该设置密闭电动阀，为了使得房间能够单独消毒。

3.3 应急传染病医院空调通风系统设计

3.3.1 应急传染病医院

应对新型冠状病毒感染的肺炎传染病的诊治，国家在武汉及各地紧急建设和改建临时应急传染病医院。应急传染病医院是为应对突发公共卫生事件、灾害或事故快速建设的能够有效收治其所产生患者而建设的医院。此类医院设计及建设应结合当地资源、项目需求等具体情况，因地制宜，采用合理适宜的技术方案和相应的技术措施。应急医疗设施宜选用耐久、免维护或少维护的产品和部件。

新型冠状病毒感染的肺炎传染病应急医院的设计应执行医疗业务流程、医院感染控制以及各相关专业的有关要求，并应符合现行国家标准《传染病医院建筑设计规范》GB 50849、《综合医院建筑设计规范》GB 51039和《医院负压隔离病房环境控制要求》GB/T 35428的有关规定。

3.3.2 应急传染病医院暖通空调系统设计要点简述

（1）应急救治设施应当设置机械通风系统。机械送、排风系统应当按清洁区、半污染区、污染区分区设置独立系统。空气压力应当从清洁区、半污染区、污染区依次降低。

（2）送排风口应当设置相应级别的过滤器，确保安全。

（3）新风的加热或冷却宜采用独立直膨式风冷热泵机组，根据地区气候条件确定是否设辅助电加热装置。

（4）根据当地气候条件及围护结构情况，应急救治设施污染区可安装分体冷暖空调机，严寒、寒冷地区冬季可设置电暖器供暖。

（5）负压隔离病房（包括ICU）设计应采用全新风直流式空调系统。

（6）应急救治设施的手术室应当按直流负压手术室设计。

3.3.3 设计标准及资料

近日，为了规范新型冠状病毒感染的肺炎传染病应急医疗设施的设计与建设，国家相继颁布实施了诸如《新型冠状病毒肺炎应急救治设施设计导则（试行）》《新型冠状病毒感染的肺炎传染病应急医疗设施设计标准》T/CECS 661—2020等相关导则和标准。

1. 标准规范

《新型冠状病毒肺炎应急救治设施设计导则（试行）》

《新型冠状病毒感染的肺炎传染病应急医疗设施设计标准》T/CECS 661—2020

《新冠肺炎应急救治设施负压病区建筑设计导则（试行）》

《传染病医院建筑设计规范》GB 50849—2014

《综合医院建筑设计规范》GB 51039—2014

《医院负压隔离病房环境控制要求》GB/T 35428—2017

《负压隔离病房建设配置基本要求》DB 11/663-2009

《洁净手术部建筑技术规范》GB 50333—2013

《医用气体工程技术规范》GB 50751—2012

《传染病医院建设标准》建标173—2016

《传染病医院建筑施工及验收规范》GB 50686—2011

《医疗机构水污染物排放标准》GB 18466—2005

《医院隔离技术规范》WS/T 311—2009

《医院感染监测规范》WS/T 312—2009

《医院空气净化管理规范》WS/T 368—2012

《医院中央空调系统运行管理》WS 488—2016

《重症监护病房医院感染预防与控制规范》WS/T 509—2016

《病区医院感染管理规范》WS/T 510—2016

《经空气传播疾病医院感染预防与控制规范》WS/T 511—2016

《医院感染暴发控制指南》WS/T 524—2016

《医疗机构门急诊医院感染管理规范》WS/T 591—2018

《医院感染预防与控制评价规范》WS/T 592—2018

《医用洁净室及相关受控环境应用规范 第1部分：总则》GB/T 33556.1—2017

《医院感染性疾病科室内空气质量卫生要求》（北京市）DB11/T 409—2016

2. 应急传染病医院地方设计导则及指南

《中国中元传染病收治应急医疗设施改造及新建技术导则》

呼吸类临时传染病医院设计导则（试行）

医疗建筑传染病区隔离应急技术要点及改造指南

应急呼吸传染病医院建设技术要点

3. 专家学者文章

（1）医院应用空气净化技术防控新型冠状病毒

（2）防控新型冠状病毒的对策应合理、合适、合规

（3）上海某医院SARS病房改造

（4）应急传染病医院暖通要则（续）

（5）呼吸道传染病医疗环境控制与医院的非医学防控措施

（6）医院负压隔离病房新型冠状病毒气溶胶传播防控建议

（7）医院2019-nCoV污染高风险场所气溶胶传播防控相关问题

（8）应对新型冠状病毒医院供暖方案建议

4. 应急传染病医院消防设计要求

《发热病患集中收治临时医院防火技术要求》

3.4 健康建筑设计理念

有理由相信疫情过后，健康建筑的设计理念会更加提上议事日程，虽然我国的健康建筑评价标准已经实施四年多了，但是目前就设计角度看，健康建筑还停留在概念阶段，业主或开发商对这个理念的接受度和认知度还不够，就像当年推广绿色建筑一样，健康建筑也需要一个发展过程。

我国《健康建筑评价标准》T/ASC 02—2016和《健康住宅评价标准》T/CECS 462—2017仅为团体标准，还未上升到国家标准的地位。但是随着国家建立安全的公共卫生防疫体系的要求，相信政府层面会像推动绿色建筑一样来推动健康建筑的发展。健康建筑的发展首先要接受这个设计理念，再逐步形成健康建筑的设计观念。中国的健康建筑标准强调空气、水、舒适、健身、人文和服务六大理念。美国的WELL标准归纳为空气、水、营养、光、运动、声环境和精神七个方面。健康建筑的研究涉及建筑学、医学、体育学、心理学、人文学等多个学科，需要综合研究。

根据《2017年度中国绿色地产发展报告》的调研，2017年和五年前的2012年相比，人们更加关注舒适度、公共交通和小区的景观和绿化[4]。这说明人们对美好生活的向往又上了一个台阶，更加关注人与自然的和谐，更加关注环境与人的和谐共生（图3-2）。

据悉目前我国也正在研究制定健康社区标准。WELL的健康社区标准是将设计和建设开放实践与基于证据的医学和科学研究结合而提出的。WELL健康社区标准包含了十大理念、110条具体的技术措施和700个技术指标。包含了空气、水、营养、光、运动、热环境、声环境、材料、精神和社区。社区的应变能力是其成功应对公共卫生突发事件的能力。比如本次的新冠肺炎疫情，基层社区对疫情的防控作出了巨大贡献，这场"特殊战争"充分动员了广大基层的老百姓，没有社区的积极防控，中国的抗疫

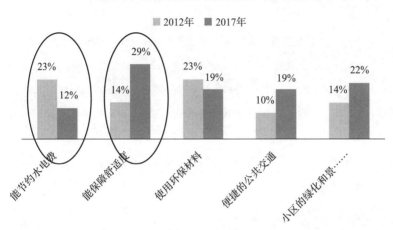

图3-2　居民对住房需求因素调查[4]

战役不会取得这样伟大的阶段性成果。

《健康建筑评价标准》T/ASC 02—2016第4.1.2条提出了要控制室内颗粒物浓度，PM2.5年均浓度不高于35μg/m^3，PM10年平均浓度不高于70μg/m^3。而病毒气溶胶的尺度一般不大于100μm，所以控制了2.5μm和10μm的颗粒物浓度，就可以把室内的病毒浓度控制在一定范围内，减少室内人员的交叉感染风险。

《健康建筑评价标准》T/ASC 02—2016第4.2.1条规定应采取有效措施和控制颗粒物、气味等污染源扩散到其他房间，本条对污染源的控制也是控制病毒交叉感染的理念。这需要在设计时，注重气流组织和压力梯度的设计，通过新风量、排风量的定量控制来实现这个目标。

健康建筑怎么落地，怎样设计，怎样让人们更能接受，还需要一个发展过程，需要相关研究机构、设计院、业主共同努力，创造一个舒适、安全、健康的建筑环境，满足人们对美好生活的追求。

📖 参考文献

［1］徐伟 主编．民用建筑供暖通风与空气调节设计规范技术指南．北京：中国建筑工业出版社

［2］龙惟定，周辉．"非典"引出的对空调的反思．暖通空调，2003，33

［3］许钟麟，曹国庆．医院应用空气净化技术防控新型冠状病毒．暖通空调公众号

［4］黄俊鹏，焦玲玲 等．2017年中国绿色地产发展报告．中国房地产报绿色地产研究中心

第4章 应对空气传播疫情公共建筑空调通风系统运行对策

作为人们办公和休闲娱乐聚集的公共建筑，中央空调系统已很普及，当面对突发的空气传播疫情时，如何运行和维护管理中央空调系统成了一个重要问题。另外在疫情期间，大量的非传染病医院转换为传染病医院使用，同时某些酒店作为临时隔离场所，将会展中心、体育场馆、学校等改造为"方舱医院"，那么这些建筑原有的中央空调系统如何改进以达到使用需求也面临许多问题。以下针对不同的建筑类型，提出空调系统的运行对策。

4.1 办公建筑空调通风系统运行对策

办公建筑的空调系统是否安全，面对疫情如何运行。目前得到的大部分办公楼物业的反馈是，节后上班期间，空调系统不开启，请员工做好保暖措施。就当前所处季节，长江及其以南地区，不开空调系统问题不大，室内温度基本可以满足要求。但是对于北方的寒冷地区和严寒地区，不开空调系统或供暖系统是不可能保证室内的基本温度的。

4.1.1 严寒地区办公楼空调供暖系统运行对策

对于严寒地区，冬季基本上是采用供暖系统，目前常用的供暖系统为地板辐射供暖系统。夏季常采用多联机系统。多联机+供暖系统是目前严寒地区办公建筑常用的方式。当然也有部分办公建筑采用风机盘管+新风系统。

冬季供暖系统开启时，物业一般都不开启新风系统。因此对于严寒地区这类办公楼，通风换气是比较差的，室内空气品质较差。在疫情暴发期间，建议定时开启新风系统和卫生间排风系统进行通风换气，每天可开启三次，每次运行不小于30min。

风机盘管或多联机加新风系统的运行策略见后面的论述。

4.1.2　其他地区办公楼空调系统运行对策

我国的温暖地区办公楼一般不设置空调。寒冷地区、夏热冬冷地区、夏热冬暖地区办公楼的空调系统一般有几种形式：（1）多联机空调；（2）风机盘管+新风空调系统；（3）变风量空调系统。从空气传染角度分析，第1种和第2种空调形式是一样的情况。第3种空调形式属于另一类型。

（1）多联机空调、风机盘管加新风系统

关于办公楼采用此种空调系统形式，需要按办公楼是大开间还是小隔间办公室进行区分对待。

a.　小办公室隔间

这类办公室，风机盘管一般都是按办公室的隔间布置的，且隔间的隔断到吊顶内的楼板或梁下。风机盘管属于局部回风的空调系统，因此即使有人感染或携带病毒也不会造成其他办公室人员的感染。

因此这类空调系统，请物业公司做好清洗风机盘管的回风口及过滤器、送风口、凝水盘和换热盘管即可。疫情期间，保持新风系统的开启、卫生间排风机的开启。如果有窗户可以开启更好，自然通风换气是比较好的措施。

b. 大开间办公室或隔断只到吊顶的小开间办公室

此类办公空间即使采用风机盘管系统，也有可能造成携带病毒者所在局部区域的感染。这个区域有多大，很难判定。因此这类空调系统建议关闭风机盘管系统。

以上两种办公空间，建议新风系统要保持一直开启，并保持卫生间排风系统的开启。有条件时要开窗自然通风。

（2）变风量空调系统

采用变风量空调系统的办公楼一般属于"高档"办公楼，但正是这些办公楼的空调系统可能的危险性最大。

因为变风量系统属于全区域回风的系统，而且一般都是采用吊顶回风，因此一旦有员工携带病毒，就有可能造成整层人员的感染。当然，"有可能"并不是绝对会感染，因为病毒附着气溶胶进行空气传播的机理非常复杂。

这类空调系统往往又不太可能加大新风量运行。因此针对这类办公楼，建议物业在回风口处增加亚高效过滤器，并做好清洗和更换空调箱内的粗效和中效过滤器。清洗盘管和凝结水盘，有条件时最好清洗一下送回风管道。采用湿膜加湿的空调机建议停用加湿系统，因湿膜可能会藏污纳垢。

要定期更换亚高效过滤器，并妥善处理旧的过滤器，这个过滤器上可能会有病毒，建议喷消毒水后再作为有害垃圾处理。

此类高档办公楼往往无法开窗，自然通风无法实现。因此对于这类办公楼建议开启排烟风机及走道的排烟口，开启正压送风机加强换气，开启卫生间排风机。

4.1.3　办公大堂空调系统运行对策

办公大堂空调系统一般都是全空气系统，少数可能采用吊顶式空调箱。全空气系统为集中回风。大堂又是人员往来比较频繁的空间，发生感染的概率大大增加。因此如果大堂的空调系统不能全新风运行，建议关闭空调系统。大堂属于人员暂时停留区，对于寒冷和严寒地区，温度不保证也影响不大。

在疫情期间，经过大堂的所有人员建议佩戴口罩。人员之间的安全距离保持2m以上，至少1m。减少交叉感染的风险。

总之，在冬季疫情期间，除了严寒地区和寒冷地区，其他地区办公楼的带回风的风机盘管和变风量空调系统建议关闭。为了加强通风换气，新风系统、排风系统建议保持开启，并在有条件时开启窗户自然通风。并可以定时开启排烟系统和正压送风系统进行通风换气，降低室内可能的颗粒浓度和病毒浓度，减少互相感染的风险。

4.2 酒店建筑空调通风系统运行对策

新型冠状病毒在不断地变异适应性过程中，其传染性不断增强，但毒性会逐渐减弱。本次疫情的重灾区武汉、温州等地，医院人满为患，很大一部分疑似病人排队等候排查，在这期间部分当地的酒店作为临时隔离场所。

这些酒店的中央空调系统是否可以开启，怎样做可以保证开启空调系统是安全的。本节将进行探讨临时收置疑似病人的酒店空调系统如何运行，也可供节后"复工"的酒店空调系统运行作为参考。

4.2.1 酒店客房的空调系统运行对策

星级酒店的客房一般都是风机盘管加新风系统，非星级酒店客房可能采用多联机系统或分体空调。这三类空调系统从空气污染物传播的角度讲，机理是一致的。以下按风机盘管加新风系统进行论述。

1. 风机盘管系统

风机盘管为局部回风循环系统，所造成的污染仅限定在这个房间内，不会造成其他病房感染。但是感染病人住过的房间，在疫情结束之前，不建议再住其他人员。

2. 新风系统

客房的新风系统应该保持一直开着，保持管道处于正压状态，一般不会造成污染传播。如果新风系统为每层水平系统，建议收置疑似病人时，按层收留。普通客人和疑似病人要分层入住。如果新风系统为垂直系统，建议收置疑似病人时按上下对应的客房进行收置。这样做最大限度地减少了交叉感染的风险。

但是无论是什么系统，都应该保持新风系统一直开着，千万不能间歇运行。间歇运行就会存在交叉感染的风险，要么就一直关闭。但如果收留了疑似病人，从降低室内病毒浓度的角度考虑，还是建议开启通风系统。

3. 空调系统清洗

风机盘管的盘管、过滤网和凝水盘及送回风管道进行清洗。新风空调箱的盘管、过滤网和凝水盘以及新风管道进行清洗。

4. 自然通风

如果窗户能开启，建议开窗进行自然通风。自然通风换气是比较有效的方式。

4.2.2 客房的卫生间排风系统运行对策

酒店客房的卫生间排风一般都设计成垂直系统，如图4-1所示。为了切断上下层可能传染的风险，建议屋顶的排风机一直保持开启状态，每层卫生间的排气扇（或静音型管道风机）可以根据客房需要进行开启，也建议一直开启。

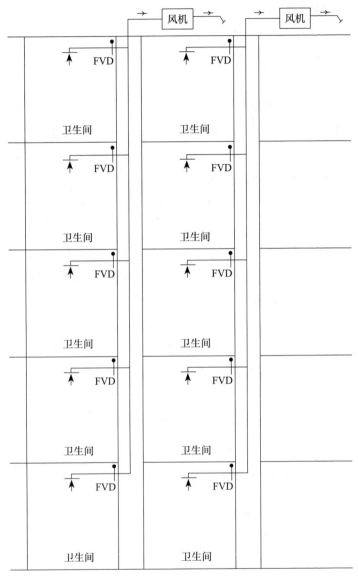

图4-1　卫生间垂直排风系统

如果酒店收留了疑似病人，严禁有人再上塔楼的屋顶。

4.2.3 酒店大堂、宴会厅、多功能厅、大会议室空调系统运行策略

（1）这些区域的空调系统一般都是带回风的全空气系统，如果不是确实需要，这些系统建议疫情期间关闭。

（2）如果这些全空气系统原设计时具备全新风运行的条件，可以开启全新风运行模式，加强通风换气。一定注意要同时开启相应的排风系统。

（3）空调箱的盘管、过滤网和凝水盘以及风管道要进行清洗。

（4）有条件时，在回风口处或空调箱内的中效过滤段可以更换为亚高效过滤器。这样可以开启带回风的全空气系统，但是要定期更换亚高效过滤器，并妥善处理旧的过滤器，这个过滤器上可能会有病毒，建议喷消毒水后再作为有害垃圾处理。

4.2.4 酒店后勤办公等房间的空调系统运行对策

这些区域的空调系统一般采用的是风机盘管加新风系统，或独立的多联机系统。这些系统的运行策略同客房的空调系统运行策略相同。只要保持新风系统、排风系统的一直开启，不间歇使用，就不会发生传染，或者说传染的可能性非常小。

4.2.5 其他建议

（1）不建议在空调系统中使用化学消毒物质，这是世界卫生组织专家的建议。

（2）不建议在空调箱或新风空调箱中增加紫外线杀菌装置，可能会造成病毒变异，发生二次感染。

（3）检查原设计的新排系统的取风口和排出口是否合理，新风系统的取风口是否离冷却塔很近。取风口和排出口如果在同一个方向同一个标高，水平距离要10m以上，新风取风口距冷却塔距离也要10m以上。如果不满足这些要求，建议相应的新风系统不要开启。

4.3　普通医院建筑空调通风系统运行对策

4.3.1　病房楼的空调系统运行对策

（1）病房楼风机盘管加新风系统

风机盘管为局部回风循环系统，所造成的污染仅限定在这个病房内，不会造成其他病房感染。但是感染患者住过的房间，在疫情结束之前，不建议再住其他病人。

（2）病房的新风系统

病房楼的新风系统应该保持一直开启，保持管道处于正压状态，一般不会造成污染传播。

如果为新风系统为每层水平系统，建议收治患者时，按层收留。普通患者和感染患者要分层收留。如果新风系统为垂直系统，建议收治患者时按上下对应的病房进行收治。这样做最大限度地减少了交叉感染的风险。

但是无论是什么系统，都应该保持新风系统一直开启，千万不能间歇运行。间歇运行就会存在交叉感染的风险，要么就一直关闭。但如果收留了疫情患者，从降低室内病毒浓度的角度考虑，还是建议开启通风系统。

（3）清洗空调系统

风机盘管的盘管、过滤网和凝水盘及送回风管道进行清洗。

新风空调箱的盘管、过滤网和凝水盘以及新风管道进行清洗。

（4）如果窗户能开启，建议开窗进行自然通风。

4.3.2 病房楼的卫生间排风系统运行对策

医院病房楼的卫生间排风一般都设计成垂直系统，如图4-1所示。为了切断上下层可能传染的风险，建议屋顶的排风机保持一直开启状态，每层卫生间的排气扇可以根据病房需要进行开启。

如果医院已经发现有人感染，或者医院收留了患者，严禁有人再上病房楼的屋顶。

4.3.3 门厅、医技楼和门诊楼的候诊区空调系统运行对策

1）门诊楼大厅、病房楼大厅、门诊楼和医技楼的候诊区采用了带回风的全空气系统。这些系统建议疫情期间关闭。

2）如果这些全空气系统原设计时具备全新风运行的条件，可以开启全新风运行模式，加强通风换气。一定注意要同时开启相应的排风系统。

3）空调箱的盘管、过滤网和凝水盘以及风管道要进行清洗。

4）有条件时，回风口处或空调箱内的中效过滤段可以更换为亚高效过滤器。

4.3.4 门诊楼发热门诊的空调系统运行对策

1）这些区域的空调系统为独立系统，可以正常开启使用。

2）加强这些区域的空调箱、风机盘管相关部件的清洗。

4.3.5 门诊楼诊室、医技楼房间的空调系统运行对策

1）这些区域的空调系统一般采用的是风机盘管加新风系统，或独立的多联机系统。特殊的医技用房采用的是恒温恒湿空调系统。

2）这些系统的运行策略同病房的空调系统运行策略相同。只要保持新风系统、排风系统的一直开启，不间歇使用，就不会发生传染，或者说传染的可能性非常小。

4.3.6 其他建议

1）不建议在空调系统中使用化学消毒物质。

2）不建议在空调箱或新风空调箱中增加紫外线杀菌装置。

3）可以在有需要的局部房间增加独立的净化单元机组。

4.4 "方舱医院"空调通风系统运行对策

近日由于医疗资源的严重短缺，武汉启用了"方舱医院"模式，即临时征用体育场馆、会展中心和学校教室，经过改造作为收置轻症患者的场所。进入方舱医院的都是新型冠状病毒感染的肺炎轻症患者。

武汉洪山体育馆是首批建成的点位之一，还有武汉客厅、武汉国际会展中心、石牌岭高级职业中学，另外武汉硚口区体育馆、光谷科技会展中心、大花山户外运动中心、黄陂区体育馆等陆续交付使用。

在这寒冷的冬夜，这些场所如何"保暖"，下面将进行简单的分析，希望能对方舱医院运行提供一些参考。

4.4.1 原有空调系统分析

1. 体育馆、会展中心

这类场所原有的空调系统为一次回风的全空气系统，因此在这样人员密集的场所，这些全空气系统应该切换为全新风运行模式。原设计时，全新风运行模式是过渡季节使用，新风是不经过冷热处理的。但寒冷天气条件下，不开启加热模式，只把室外的空气送进来，室内温度会很低，不利于病人的治疗和康复。

如果原有的设计不具备全新风运行模式，建议不要开启带回风的空调系统，因为这会造成室内空气的扰动，加速病毒气溶胶的扩散。

2. 学校

学校的大礼堂一般也是一次回风的全空气系统，情况与前述相同。也有可能大礼堂没有空调系统，只有通风系统。

学校的教室一般是分体空调或多联机系统，一般没有新风系统。这是另一种情况。

4.4.2 空调系统运行对策

1. 全空气一次回风系统

体育馆、会展中心、学校礼堂的空调系统如果采用全空气一次回风系统，应切换为全新风运行模式，同时开启排风机进行排风。同时开启空调箱的供热模式，全开空调水阀，最大限度地加热新风。如果在这种模式下，室内的温度达不到16℃，建议间歇性运行通风模式，每天可开启3次，每次40min，进行通风换气。

不具备全新风运行模式的空调系统不应该开启。此时应每天定时开启排风系统进行排风，通过门或窗进行自然进风。

2. 分体空调（或多联机）

采用这类空调的场所，建议每天定时开窗进行自然通风，有条件时可开启教室的吊扇加强空气流动。

因为教室的规模和体育场馆、会展比，面积较小，因此可以酌情考虑开启分体空调或多联机，保证室内温度。

3. 没有空调有通风的场所

例如武汉属于夏热冬冷地区，会展中心、体育馆、学校礼堂如果没有空调系统，应该也有通风系统，因此对于此种情况，可以定时开启通风系统进行换气。

4. 空调通风都没有的场所

如果空调通风系统都没有，消防排烟系统应该有的。不管是自然排烟还是机械排烟，在这种情况下，都可以每天定时开启进行通风换气。

4.4.3　保证室内温度的对策

在第2章的分析中，如果这些情况的运行模式都不能保证室内的基本温度（如16℃或18℃），应该另外考虑取暖措施，尤其是在寒冷的冬夜。建议采用局部供暖设施，电取暖器或电热毯作为补偿措施。当然需要复核原有的配电系统是否够用。

总之，在疫情工况下，加强通风换气降低室内的病毒浓度是第一位的，保证室内温度是第二位的。两者需要解耦，不能把通风换气和保证室内温度用一套系统进行解决，增加临时的取暖设施是比较可行的方案。

第5章

应对空气传播疫情公共建筑空调通风系统的清洗维护

清洁的通风空调系统是保证室内人员健康的基本需求。在现实生活中，由于通风空调系统长期运行，大部分物业管理都难以按要求规范地进行清洗维护，因此造成了设备和管道内滋生细菌和灰尘，这会引起很多健康问题。在疫情期间，通风空调系统的清洗维护对降低疫情、避免细菌病毒交叉感染尤为重要。

5.1 空调通风系统清洗维护存在的问题

5.1.1 通风空调管道

通风空调管道按照材质分类：一般分为钢板风管(普通钢板)、镀锌铁皮（白铁）风管、不锈钢风管、玻璃钢风管、塑料风管、复合材料风管、彩钢夹心保温板风管、双面铝箔保温复合风管、单面彩钢保温风管、丝织布风管等。

按照用途分类：一般分为净化空调系统风管、舒适空调系统风管、工业通风系统风管、工艺通风系统风管。净化空调系统风管多为镀锌铁皮和不锈钢材质。舒适空调系统风管材质多为镀锌铁皮、彩钢保温板、复合材料、彩钢夹心保温板、双面铝箔保温复合、单面彩钢保温、和丝织布等。

工艺和工业通风系统风管多为镀锌铁皮、不锈钢、铝板、塑料和玻璃钢。

由于所处的气候环境和使用功能场所不同，所采用的通风管道材料、规格、型号、洁净程度不同，导致管道内表面腐蚀、损害、污染程度不同。

如我国的华南、长江中下游地区属于高湿环境分布区，通风空调管道多为普通镀锌铁皮、彩钢板材和不锈钢板等防湿、防潮、防腐材质风管；东部沿海高湿地区由于空气中盐分较高，需采用优质镀锌板（表面镀锌层厚、含锌量高）、彩钢板风管等抗潮湿、抗腐蚀风管。

因此，镀锌钢板管道风管内外表面的镀锌层破坏、锈蚀、腐蚀、积水、积尘是主要污染问题；彩钢板、不锈钢材质风管由于抗酸、抗碱、抗腐蚀等性能优良，管道内壁积尘、积水是主要污染问题。

被锈蚀腐蚀的风管内表面以及表面的水膜、积水、灰尘含有大量的细菌、病毒等有害生物，在适宜的温度、湿地、环境条件下，能滋生葡萄球菌、军团菌、曲霉菌、流感病毒的生长，并通过送风口传播到室内，对人体危害极大。

5.1.2 空调箱设备

1. 新风空调箱

新风空调箱（FAU）是提供新鲜空气的一种空气调节设备，可根据使用环境的需求设置除尘、除湿（或加湿）、降温（或升温）、过滤、杀菌和净化等功能段，新风净化空调机组多用于ISO14644-1 Class 4以上（千级洁净室、传染病房负压区）等洁净区域。

2. 空调箱

空气处理设备主要有风机盘管、吊顶式空调机组、组合式空气处理机组、柜机、恒温恒湿机、多联机等设备，图5-1为组合式空气处理机组各

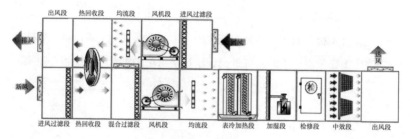

图5-1 空调箱功能段示意图

功能段示意图。

空调箱的过滤段一般设置初、中效过滤器，过滤等级一般为 G3～G4，中效过滤器过滤等级一般为F5～F9。

3. 日常运行中存在的问题

机组内的初、中、高效过滤器属于易损件，需定期检查、清洗、消毒、杀菌、更换，以除去过滤器表面的灰尘等杂物并达到机组设计参数要求。

机组的表冷（蒸发）器、加热（冷凝）器、冷凝水集水盘、加湿器、风机等属于固定设备配置，一般不予更换，需定期检查、保养。

由于机组长期运行，维修、保养不到位，机组箱体内壁及各功能段设备配件表面、集水盘附着大量的灰尘、油腻等杂物，甚至形成黑色油腻性污染物，在特定的潮湿环境下成为某些病毒、致病菌等传染源的滋生繁殖地。

新风空调箱和空调箱设备应用于普通舒适性空调系统时，病毒或病菌附着于气溶胶上，有可能通过风管道进行传播，存在交叉感染的风险。

5.1.3 通风系统设备

1. 设备种类

主要包括送风机（箱）和排风机（箱），其中医用净化厂房、手术室、生物实验室的负压区采用的排风机（箱）多具有杀毒灭菌功能。

2. 污染隐患

送风机（箱）的作用是为建筑物内局部区域提供一定的风量，以达到一定的压差和风量要求。系统进口处根据使用功能要求一般设置止回阀、防尘、防虫网等措施，避免室外灰尘及杂物进入室内以保证清洁送风。

5.1.4 风口末端

空调系统中的（高效）送风口、出风口是送风系统中的最末端，经送风设备处理的空气通过它直接进入功能区域，因此风口末端也是病菌、病毒、污染物的最终端传播工具。

回、排风口是回排风系统的初始端，致病菌、病毒等污染物通过风口进入回排风处理设备，但仍有部分病毒附着、滞留在风口表面。

5.2 空调通风系统清洗的必要性

据美国环保机构统计，大楼疾病综合征中，通风空调系统是室内助长细菌、病毒菌产生化学污染的主要因素。遍及世界各国的SARS、SARS-CoV-2病毒夺走了许多无辜的生命，给人类带来了巨大灾难，主要可能的原因是通风空调系统没有得到及时清洗、消毒处理。

卫生部的一次抽查发现，许多单位的中央空调系统交付使用以后就从来没有清洗过。青岛市疾控中心专家提醒说，炎炎夏日，商场、宾馆、写字楼等公共场所的中央空调为人们带来了凉爽舒适的环境，但长期不清洗的中央空调却会对人体健康造成危害并带来建筑能耗的增加。

根据国内外相关学者专家研究发现，清洗过的通风空调系统设备可节能35%左右、中央空调系统节能15%以上，建筑节能达10%。

5.3 空调通风系统清洗分类

中央空调系统清洗主要分为内清洗和外清洗两大类。通风空调系统内清洗主要是空调设备水系统管道、冷凝水管道、加湿器的喷雾等输送汽水雾管道装置。

外清洗主要是空调设备及末端配件表面清洗，如通风管道内表面，设备过滤网，初、中、高效过滤器，高效送风口的静压箱内腔表面，送、排风口，表冷（蒸发）加热（冷凝）器翅片，风机叶轮，冷凝水集水盘等设备配件的外表面的清洗。

5.4 空调通风系统清洗方法

5.4.1 水系统管道清洗

输送水、雾、蒸汽管道内表面附着的主要是Ca^{2+}、Mg^{2+}、Fe^{2+}等化合物即水垢，属中性，略显碱性。采用8‰～12‰的中性除垢剂、缓蚀剂、镀膜水溶液清洗三遍。第一遍连续循环12h，第二遍连续循环6h，第三遍连续循环1h，并及时检测水质及水管表面情况。

一般情况下清洗三遍都能清洗干净，对于长期没有清洗的水管道可根据管道材质及水垢情况适当提高除垢剂的浓度，并在第三遍清洗时适当延长清洗时间。

对于间歇运行时间长、环境气候恶劣情况上使用的半开式水系统的管道系统应附加以消毒灭菌剂，以避免病毒、病菌传染。

5.4.2 通风管道清洗

通风管道系统的清洗是清洗工作中的关键难点，因为通风管道一般安装在吊顶内，即使不在吊顶内，因为风管都是密封连接的，也很难清洗，尤其是传染病房、生物实验室等负压区域的通风空调系统，各种风管交叉布置，稍有不慎就会导致病毒、病菌交叉感染。因此常采用机械清洗方法。

现在常用的清洗方式是从机组出口软连接处或是从送回风口处（仅适用于舒适性通风空调系统）将检测机器人或气动机器人放置在通风管道内，通过管道外的机器人操控箱控制通风管道内的清洗机器人，对于含尘量较多的管道系统还得用风管集尘器彻底收集管道中的垃圾，以防止造成二次污染。

5.4.3 设备清洗

机组设备的清洗不但能提高空气品质而且还能达到好的节能效果。常用的清洗方法是采用气喷式清洗剂雾化、溶解和稀释泡沫化设备配件表面附着积聚的污浊物，采用高压水或空气进行冲洗、吹扫，使污浊物迅速溶解并吹扫掉，然后再用低压水或是杀菌消毒水、雾冲洗干净。

对于表面积聚的灰尘、油腻等污浊物较多的设备表面可先用棉纱擦拭一遍，如翅片式表冷加热器、空气过滤器、风机电机外壳等，清洗后的污水大部分流入冷凝水集水盘经冷凝水管道排入排污管道，少部分存留于集水盘底部，表冷加热器及过滤器清洗前后对比如图5-2所示。

新风、空调机组夏季运行时具有除湿、降温功能，空气中的水蒸气经表冷器冷凝后经换热器翅片表面流入集水盘，长时间的积存会造成水盘的锈蚀并伴有异味，是军团菌、藻类、病毒的重要滋生地，因此冷凝水集水盘清洗消毒也不可忽视。

冷凝水集水盘清洗常用的方法是在冷凝水盘上喷洒清洗剂，然后用清洁水冲洗干净。

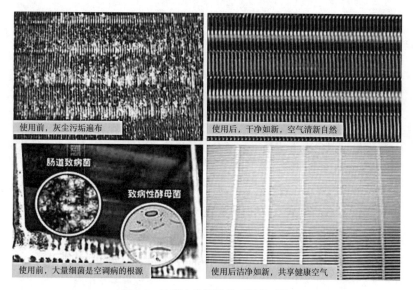

图5-2 冷凝水盘清洗前后照片对比

5.4.4 过滤器、风口

（1）空气过滤器

机组中的初、中效过滤器一般为由一定尺寸规格组成的可拆卸单元，过滤网多为无纺布、锦纶滤网、不锈钢材质。过滤网取出后先用干净刷子刷一刷，把附在过滤网上的绝大部分脏物刷干净，然后再用清洗剂浸泡冲洗。高效过滤器一般为碳硼、玻璃纤维等材质，通常不易清洗。

（2）风口

送、排和回风口多为条形或方格形百叶风口，材质多为铝合金喷塑处理或不锈钢材质，高效送风口的出风均流罩多为铝板或不锈钢材质。风口属于可拆卸部件，拆卸后可先用特殊材质的棉纱布擦洗干净，然后喷涂清洗剂或在清洗液中浸泡清洗。

5.5 清洗设备介绍

由于通风空调系统中风管管道数量多、隐蔽性强，施工难度大，专业性强，因此本章节只介绍部分通风管道清洗设备。

（1）巡检机器人

巡检机器人用于风管内表面灰尘等污染物的巡检、检查、前期判断（图5-3）。配备有可调光度的强光照明与红外线摄像设备，借助轮式传动装置在风管内行走。通过观察与判别风管内部情况，使专业人员能够准确判别风管内部清洁情况，从而制定量身定制的清扫与消毒方案，并可根据客户要求提供风管内部清洗前后的影像光盘。因摄像置配有红外线设备，从而使机器人可在任何无光线的风管内行走自如，所制光盘清晰逼真。

（2）清扫机器人

清扫机器人用于风管内表面灰尘及其他污染物的清扫。配备强光照明与摄像设备，可调高度式的旋转清洗头，借助轮式传动装置，在风管内一边行走一边旋转把风管四周长年结存的各种灰尘与吸附物、昆虫死尸与分泌物彻底打松，以备下一步全部吸走之用，并可借助摄像设备及时观察清洗程度到要求。

（3）吸尘机器人

吸尘机器人用于风管内清扫后的灰尘、粉尘收集处理。配备强光照明与

图5-3 巡检机器人

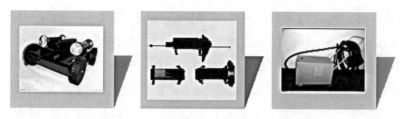

图5-4 机器人

摄像设备，专用高效吸尘头，借助轮式传动装置，在风管内一边行走一边借助外带的大功率真空吸尘器，通过高效吸尘头把清扫机器人打松的所有垃圾全部吸走，并可借助摄像设备及时观察吸尘效果是否达到要求，见图5-4。

（4）喷雾消毒机器人

用于风内壁清扫、吸尘后的清洗、杀菌、消毒处理。配备可调强光照明与摄像设备，杆状式喷洒装置，在吸尘式机器人完成工作后，借助其轮式传动装置，在风管内一边行走一边喷洒专用无味、无腐蚀的消毒剂，达到舒适、净化目的。

（5）喷雾消毒机器人微型机组系列

微型风管（检查、清洗、吸尘、喷雾）机对于各种机器人无法进入的超小扁平风管、玻璃钢风管、超级风管等诸如每个房间的新风送风管、办公室新风支管等可用专用的微型机来完成检查、清洗、吸尘、喷雾等一系列工作。

（6）风管清扫软轴机

通风管道中还有大量的不规则风管、异形连接件，传统的清扫机难以有效清扫不规则风管及其连接件的各个部位，需量身定制专用大功率马达的软轴机对不同规格尺寸的水平、垂直、圆形及各种异形变形连接件有效清扫。

（7）真空吸尘装置

为避免清扫后的风管灰尘等污染物造成污染，需设置吸尘装置

（图5-5），吸尘效果如何直接决定了通风管道的清洗效果。机器人系列的工作原理采用"先落尘，再过滤"，由于国内部分地区气候环境恶劣、空气质量较差，通风空调系统运行、维护、清洗意识淡薄。普通吸尘产品容易堵塞，工作效率低，使众多的国外产品"水土不服"，可根据实际需要为大尘量的风管清洗量身订制大功率真空吸尘器，以提高集尘、清扫效率。清洗前后的通风管道内壁表观情况见图5-6。

图5-5　真空吸尘装置　　　　图5-6　风管清洗前后对比

5.6　空调通风系统清洗注意事项

5.6.1　风管清洗

（1）根据业主提供的图纸和资料，对通风空调系统风管进行检查，一方面通过机器人探测头进行跟踪拍摄风管内的环境污染情况，一方面检测实际管道与图纸是否有出入的情况。应查勘现场、检查，检查与风管连接的调节阀、防火阀、止回阀、电动密闭阀是否处于开启状态，风管保温、密封、连接情况是否完好，以便指导施工。

（2）普通空调系统应按照新风管、回风管、送风管先后顺序并由机组向风管末端方向进行清洗。对于有洁净要求的医疗、医药、电子、化纤等净化空调系统应先按照排风管、新风管、回风管、送风管先后顺序清洗。

对于有负压要求的生物实验室、传染病房等通风空调系统还需注意防病毒、病菌交叉传染问题。

（3）在遇到分支的情况下，先清洗主管道，后清洗支管道。

（4）在清洗的过程中，遇到防火阀、调节阀等情况下，如果吹扫、清洗喷头可以通过，则无须在风管上开孔。

（5）因空调机组规格，型号、功能段设置不同，需要根据现场实际情况拟订具体施工方案。

（6）在整个过程中，风管内部应与室内环境保持一定的负压，压差可以通过真空吸尘设备来实现。对排出的空气应采取相应的预防措施防止交叉污染。

（7）对真空吸尘装置和空气负压机的运输和存放进行保护。所有进入通风系统的工具，设备及部件应进行湿式擦拭，并用装有高效空气过滤器的吸尘器进行清洗。

（8）由于清洗作业可能需要移开外部绝缘、防腐、保温、防潮等防护材料，应在清洗工作结束后和空调系统运行前对这些部位进行恢复完毕，使其恢复有效功能。

（9）每一段清洗前后过程全程录像记录。

5.6.2 AHU系列空调设备清洗

AHU系列空调机组一般都设置在机房内。

（1）清洗空调机组应在新、送、回风管清洗完毕之后进行，关闭新、送、回风管上的各种阀门，电动风阀及防火阀需与相关专业部门沟通确认后由其协助关闭。

（2）取出新、回风及新回风混合段上的初、中效过滤器，用水清洗干净，晾干。

（3）用吸水吸尘器把机组换热盘管及箱体四壁上的灰尘清理干净，对换热盘管里层间隙内的灰尘，采用压缩空气喷吹，操作时应防止盘管翅片折弯、变形，一边喷吹一边用吸尘器收集灰尘。

（4）在灰尘收集完毕后，用水冲洗四壁和换热盘管，污水汇集于换热器底部的冷凝水集水盘，用刮刀和湿布把凝水盘内的淤泥清除干净，通过排水管排于机房地漏，冲洗干净后，再用压缩空气吹干。

（5）在机组送风段，因为有电机和接线盒，所以禁止用水直接冲洗。应提前把风机和接线盒包裹严实，防止进水。

（6）取下包裹风机及接线盒的塑料袋，检查风机和接线盒是否进水，否则要及时处理。

（7）对于设有湿膜、高压喷雾加湿功能段的机组，应对其输送水管道进行单独清洗。

（8）更换破损的空气过滤器、湿膜等空气处理配件单元。

（9）恒温恒湿机、柜机及其他单元机系列参照以上清洗流程。

5.6.3　FCU风机盘管系列清洗

（1）进入清洗施工现场后，首先做现场保护工作，地面应有铺垫。有地毯的房间，底层用防水彩条布铺垫，在其上面再铺设防护布，清洗完工后应恢复房间地面、吊顶及设施的整洁。

（2）先用气枪从翅片与空气换热的逆方向翅片内喷气，把表面上及翅片内的浮尘清除，同时用吸尘器收集清除出来的灰尘，表面浮尘清除后，用喷枪把铝翅片清洗剂溶液均匀地喷洒在翅片上，3~5min后，用清水冲洗翅片，应达到干净通透明亮。

（3）电机和叶轮清洗时要注意保护，电机首先用气枪把表面浮尘清除，同时用吸尘器收集清除出来的灰尘，然后用湿布把电机擦拭干净。

（4）检查电机轴承（或轴套）转动是否灵活，若转动不灵活，则给轴承加润滑油或机油，若需要更换轴承及电机，给予更换。

（5）清洗之后的风机盘管运行时不能有异常声响。接线正确，三速送回风运转正常。

（6）清洗叶轮时，把叶轮放置于盛有清洗剂溶液的盆中，用棕刷把叶轮刷洗干净，然后用清水冲洗，擦拭干净，最后把风轮彻底吹干。

（7）清洗托水盘时，首先拆下溢水盘软连线，堵住凝水管出口，然后用刮刀和湿布把凝水盘内的淤泥清除干净，最后把脱水管凝水管口打开，用清水冲洗托盘。严禁将杂物冲入溢水系统，造成冷凝水管堵塞。若托盘拆下清洗，则与叶轮的清洗方法相同。

（8）回风口、送风口和回风过滤网的清洗方法相同，先把它们用清洗液浸泡清洗，然后用清水冲洗干净，凉置，最后吹干。

（9）回风箱和风管的清洗方法相同，先用吸尘器把箱（管）内的灰尘清除，然后用干净的湿布反复擦拭内壁，直到清洗干净。

（10）单台风机盘管清洗完成后，安装恢复原样，转入下一台清洗。

（11）设备当日清洗完工后，应做好标识、记录。

5.6.4　清洗流程

（1）检查、巡查、拆卸、清理、修复需清洗的系统部位，并制定清洗方案。

（2）清洗设备、工具、配件、水、清洗剂等材料及人员准备。

（3）根据系统、设备、配件、功能特点合理确定、划分系统清洗区域并有效防护隔离，避免灰尘污水等污染到其他区域。

（4）在清洁过程中，用封口材料将通风空调设备、风管管道各出风口密封，从而保证设备、风管内的脏物不外泄，不会造成二次污染。

（5）用专业毛刷、棉纱、吸尘器清除积尘严重的待清洗设备的表面。

（6）对于部件浸泡在含有特效空调机清洗液或自制清洗液或洗洁精和肥皂粉的混合液中，浸泡时间10~20min，视待清洗部件的积尘、油泥污染程度而定。浸泡完毕用软质毛刷轻轻刷洗，使每个部件表面清澈透明，无脏堵痕迹。

（7）对于不易拆卸部件，如表冷加热器的翅片、风机叶轮、冷凝水集水盘等清洗步骤如下：

1）先用高压清水冲洗吹扫部件表面。

2）用手动喷壶或高压水枪将专用清洗剂均匀喷致翅片、叶轮、冷凝水盘等部件表面。

3）静置10~15min后再用高压清水冲洗三遍。

4）用高压气泵吹干、吹净部门表面的水珠等杂物。

5）检查各部件、系统完好情况，并对损害部件及时、修补、更换、复位。

（8）污物无害化处理。

5.7 消毒灭菌

为防止病菌、病毒滋生及交叉传染，通风空调系统清洗完毕后应进行消毒灭菌处理并在风口处涂抹抑菌剂，以确保系统稳定、可靠运行。

建议使用第四代双链季铵盐类化合物，它是一个高效的消毒体系，能够在常温下低浓度即可快速杀灭各种细菌、霉菌、真菌及各种病原和致病性微生物，并对乙肝病毒、金黄色葡萄球菌、大肠杆菌、白色念珠菌等有强烈的杀灭功能。

根据SARS病毒防疫经验，可采用75%以上浓度的酒精或是消毒液对空调系统进行消毒处理。

　　每次清理出积尘后应对密封集尘袋内外及时消毒，使用1000mg/L的含氯消毒剂消毒，直接在积尘上浇洒至完全湿润为止。这既有利于防止积尘污染环境，也有利于消毒剂浇洒均匀，避免遗漏。

　　空调系统清洗出的积尘应该消毒后再按普通生活垃圾处理。

📖 参考文献

［1］GB 19210—2003．空调通风系统清洗规范
［2］WS 394—2012．公共场所集中空调通风系统卫生管理规范

第 6 章 呼吸道传染病医院医用气体系统设计

在新型冠状病毒肺炎等呼吸道传染病传染期间，需要明确医用气体系统在卫生防疫工作中及新型冠状肺炎等呼吸类传染病治疗过程中的作用。关注已有医疗建筑中的医用气体系统所存在的隐患，并提出相应的应对措施，以尽可能减少医用气体系统造成的病毒感染和对外界传播。

6.1 医用气体系统在卫生防疫及传染病治疗中的作用

6.1.1 医用气体系统概述

医用气体系统是医用气体管道系统的简称，在"医用气体工程技术规范"[11]中指出其包含气源系统、监测和报警系统、阀门和终端组件等末端设施的完整管道系统，用于供应医用气体。

医用气体是指医疗过程中使用的气体，用于治疗、麻醉、驱动医疗设备和工具。常用的气体有氧气、压缩空气、二氧化碳、氮气、氧化二氮、氩气、氦气，同时还包括医用真空吸引系统和麻醉废气系统。不同种类的医用气体根据不同的性质在治疗、卫生防疫中具有不同的用途，发挥着非常重要的作用。

医用气体系统又称为生命支持系统，是用于维系危重病人的生命、减少病人痛苦、促进病人康复、改善医疗环境、驱动多种医疗器械工具等的重要医疗设施。在当下已经成为各类医疗机构新建或改扩建时的基本装备，具有非常重要的作用。随着医院的快速发展，越来越多的医院将采用集中供应的医用气体系统。

6.1.2　医用气体系统在新冠肺炎等呼吸类传染病治疗中的作用

新型冠状病毒和SARS同属冠状病毒，基因同源性约为82%。且感染路径相似，用了相同的细胞锁进入细胞。在2020年2月4日海淀医院丁建章发表的"新型冠状病毒肺炎与吸氧"[2]文章提出：新型冠状病毒肺炎（简称新冠肺炎）的主要发病机理是炎性分泌物或渗出物大量充斥在肺间质及肺泡里，从而阻断了新鲜空气进入肺泡与体内二氧化碳进行交换，导致机体缺氧，甚至多脏器功能衰竭而死亡。目前还没有特效对抗新冠病毒的药物，更多采取的是对症支持疗法。文献[5]中指出接受氧气疗法、机械通气、静脉内抗生素和奥司他韦疗法的患者分别占38.0%、6.1%、57.5%和35.8%。而吸氧是贯穿于新冠肺炎救治过程中，非常重要的一项对症治疗措施。

"新型冠状病毒感染的肺炎诊疗方案（第五版）"[4]提出对于一般治疗以及重型、危重型病的治疗应采用氧疗的指导意见，并在重型、危重型病的治疗中提出了有创机械通气方案，如采用呼吸机，而呼吸机中又会使用压缩空气作为设备动力。

葛慧青、梁宗安在《中国呼吸与危重监护》杂志上发表的文章"针对新型冠状病毒感染患者的雾化吸入治疗的建议"[5]中指出在被新型冠状病毒（2019-nCoV）感染时，有些患者合并或并发有支气管哮喘、慢性阻塞性肺疾病、肺气肿、支气管扩张、急性喉梗阻、咽喉炎症水肿、肺部感染、气道损伤等疾病。在对新型冠状病毒感染肺炎患者实施雾化吸入治疗时，应遵循以下原则：应选用雾化专用剂型进行雾化；在选用雾化药物时，关注各种药物的不良反应，尤其是药物对孕期和哺乳期妇女、幼儿和儿童、老年患者、重症以及特殊患者的影响；雾化药物储存装置、呼吸管路、雾化面罩等设备应该专门专用，使用一次性耗材；医务人员在对冠状病毒感染患者进行雾化时，应注意严密的个人防护措施。在部分并发症中吸引系统用于为病人吸痰和手术中吸脓、血、腹水。

综上所述，在新型冠状病毒疫情期间，氧气、医用压缩空气、真空吸引是诊疗新冠肺炎中必不可少的气体，其他气体在检测、手术和治疗过程中也有非常重要的作用。除了让医用气体系统在卫生防疫中发挥重要的生命支持作用外，也应避免系统本身给新型冠状病毒防疫工作带来增加传染的风险。

6.2　现有医用气体系统存在的隐患及应对措施

在新型冠状病毒感染肺炎等呼吸类传染病治疗过程中，由于病毒传播速度快、患者人数多，根据病情会有大流量的用氧需求和各类呼吸设备的使用。根据病情特点，有的患者可能需要长时间不间断地吸氧，因此必须保证医用气体系统在单一故障状态下能连续供氧。在确保医用真空系统、医用空气系统为必要配置的同时，其他医用气体系统也要根据医疗机构的需要进行设置。由于用量的需求、早期的规划设计、施工运行管理中的遗留问题等造成了现有医疗建筑中的医用气体系统存在很多缺陷和安全隐患，需认真排查解决和采取应对措施，避免病毒传播期间因医用气体系统设施的缺陷而减少患者的康复概率。

以下介绍几种现有医疗建筑中医用气体系统在新型冠状肺炎等呼吸类

传染病传染期间存在的常见隐患及应对措施。

6.2.1　医用气体种类不足存在的风险及应对措施

由于传统的传染病医院或病区的病房使用率相对较低，一般设计仅考虑了医用中心供氧系统和医用中心吸引系统，病房设备带上只有氧气终端和吸引终端接口，而缺少压缩空气终端。

在诊疗过程中采取以下应急措施：（1）采购自带压缩机（泵）的呼吸机或监护设备；（2）在氧气量充足的情况下可以采用氧气代替空气来驱动呼吸机或监护设备，但存在二次感染的风险；（3）配置临床需要的其他各种气体的移动钢瓶来满足临床的需要。

6.2.2　医用氧气系统存在的风险及应对措施

在2020年2月7日湖北省新型冠状病毒感染的肺炎疫情防控工作新闻发布会上，武汉市肺科医院（武汉市结核病防治所）院长彭鹏说道："我院作为第一批重症定点医院，承接的病人都是重症、危重患者，目前除了人员紧张、防护用品紧张外，还有一个比较突出的问题就是氧气的供应问题。因为重症病人需要100%吸氧，尤其是危重病人，他们的氧气需求量是重症的10倍以上，目前我们医院的氧气用量已经达到日常用量峰值的10倍以上，我们氧气的供应已经无法继续增加。任何一家医院在进行医院设计的时候，都不可能按照我们现在这种极端情况来进行氧气的设计，目前所面临的情况就是，呼吸机需要氧气。氧气供应量跟不上，就不能投入更多的呼吸机对危重病人进行救治，从而限制了医院对危重病人的救治。我想这个问题在各个医院都有普遍性。"

可以看出，造成氧气量不足的隐患存在两个方面的问题：一是氧气供应量的问题。应急措施为：（1）缩短液氧充罐的时间间隔；（2）增加预留临时供氧源头，可以适当增加医用液氧罐、汽化器、减压装置等或增加医用制氧机作为供氧源，而且已有人提出在大型医院的建设过程中是否可设置两种不同供氧方式的建议，以保证突发状况下的正常使用；（3）需要政府宏观调控送氧企业、氧气生产企业的行为，避免因"垄断"等不良社会现象而造成"供不应求"的问题。二是医疗建筑中原有医用供气系统的设计、施工缺陷造成系统本身的存量小、用气量不够、压力低等缺陷问题。应急措施为：（1）在符合国家相关规范的情况下，增加备用气源的接口和设备，确保临时供氧源能与原系统对接；（2）在有限的时间范围内，选择模块化的成品设备、管道进行分区更换，更换原有管道；（3）在支管和副管满足单位或单元床位的使用情况下增设一路主管路，采用双路供气的方式来保证床头装置的用气量。

2020年2月12日，中国气体工业协会发出了"解决COVID-19定点医院供氧现状的应急方案（中国气协函［2020］9号）"，以解决武汉地区医院氧气供应匮乏问题。提出了4种主要应急供氧方案和应急方案的安全防护管理[7]。

6.2.3 医用真空吸引系统存在的风险及应对措施

在新型冠状病毒肺炎疫情期间，2020年2月4日国家卫生健康委员会办公厅发出了"国家卫生健康委员会办公厅关于全面紧急排查定点收治医院真空泵排气口位置的通知（国卫办医函［2020］104号）"[8]，要求各地要迅速排查，并对发现真空泵排气口位置设置存在不规范等问题迅速整改。中国医学装备协会医用气体装备及工程分会、中国气体协会医用气体及工程分会于2020年2月7日发出"关于医院中心吸引系统现状与处置措施的建议"[9]。由于医用真空吸引系统的废气排放口的安装不规范、位置不合理，以及水环泵的循环水中未加消毒剂、排水系统未排入污水处理等现状很容易造成周围环境、站房内环境、管理人员、操作人员、维修人员、排气口周边人员的感染等隐患，所以加快真空吸引站房的改造势在必行。

2020年2月7日，中国医学装备协会医用气体装备及工程分会、中国气体协会医用气体及工程分会发布"关于医院中心吸引系统现状与处置措施的建议"。该建议提出：在医用真空机组抽气端加装过滤精度为0.01μm的除菌过滤器（一用一备，需要定期更换过滤器滤芯）；规范排口的安装设置警示标识，并划出安全区域；排水口加消毒剂或加装二氧化氯发生器装置，污水应排放至医院污水处理系统；做好站房内的消毒（可使用紫外线灯每日3次，每次60min定时消毒，紫外线灯开启时应有明显的警示标示，避免人员进入）；进入站房人员做好防护；使用有防倒吸装置的负压吸引（调节）；在新建或改扩建的新冠肺炎等呼吸类传染病的病区或院区的医用真空吸引系统中采用油润式真空泵或爪式（干式）真空泵，并且设置独立的医用真空吸引系统，并将医用真空吸引站房设置在隔离区内，加强防护等18条处理措施建议。

目前国内暂无成熟的灭菌设备，新产品正在试用和测试过程当中，产品的推广还需要一定时间，因此暂时只能在真空系统当中安装除菌过滤器。而且大水环式真空机组当中，如果不在其前端安装除菌过滤器，不仅在真空机组的排气口会有细菌，在真空机组排出废水也会被细菌污染。因此，目前医用中心吸引系统设置中对细菌的处理措施只能是在前端安装除菌过滤器，在安装和更换滤芯过程当中加强防护，避免操作人员感染。

6.2.4 医用压缩空气系统存在的风险及应对措施

在呼吸道传染疾病传播期间，医疗机构的病区单元如未设置医疗空气集中供应系统，病房内空气又被呼吸机压缩与氧气混合，供病人呼吸，容易造成再次感染的风险。所以为了便于运行、维护以及安全，须再设置医用压缩空气系统，医用空气的站房可独立设置，改扩建项目也可利用原站房，但不应将站房设置在隔离区内，且利用原站房的应进行用气量的核算以满足使用要求；为防止回流避免传染的隐患，供气管道上应设置防回流的装置。

1. 原有床头装置一般存在的隐患

医用气体系统中的床头装置是医用气体系统的重要组成部分，直接服务于临床，是供医护人员连接患者与医用气体系统的装置。原有的床头装置一般存在以下隐患：

（1）床头装置表面不耐擦洗，不耐腐蚀，容易被消毒腐蚀、存在漏电和变色等隐患；

（2）原有床头装置的电源插座少，不够用，且电源线过小，且无医护对讲系统；存在呼吸机等设备无法使用、漏电等安全隐患。

2. 针对以上隐患需要采取的应对措施

（1）在传染疾病的病房床头装置一定要采用耐擦洗、耐腐蚀，防渗、防漏及密闭的型材，表面易于擦洗，且结构形式选择应因地制宜，建议选用模块式、装配式、轻型结构成套产品，减少现场安装时间和电气测试时间。

（2）床头装置需要调整电源线的大小，同要保证电源插座不低于4个。

（3）负压病房、负压隔离病房和重症监护室均应设置医护对讲系统、视频监视系统。

6.3 传染病医院医用气体设计标准及资料

6.3.1 国家及地方相关标准

（1）《医用气体工程技术规范》GB 50751—2012

（2）《氧气站设计规范》GB 50030—2013

（3）《医院洁净手术部建筑技术规范》GB 50333—2013

（4）《人民防空地下室设计规范》GB 50038—2005

（5）《综合医院建筑设计规范》GB 51039—2014

（6）《建筑设计防火规范》GB 50016—2014

（7）《传染病医院建筑设计规范》GB 50849—2014

（8）《传染病医院建筑施工及验收规范》GB 50686—2011

（9）《传染病医院建设标准》建标173—2016

（10）《新型冠状病毒感染的肺炎传染病应急医疗设施设计标准》T/CECS 661—2020

（11）《新型冠状病毒肺炎应急救治设施设计导则》（国卫办规划函[2020]111号）

6.3.2　地方设计导则、指南及通知

（1）中国中元传染病收治应急医疗设施改造及新建技术导则

（2）呼吸类临时传染病医院设计导则（试行）

（3）医疗建筑传染病区隔离应急技术要点及改造指南

（4）医用气体系统规划建设与运行管理指南，2015年12月第一版

（5）国家卫生健康委员会办公厅关于全面紧急排查定点收治医院真空泵排气口位置的通知（国卫办医函[2020]104号），2020年2月4日

（6）关于医院中心吸引系统现状与处置措施的建议，2020年2月7日

（7）解决COVID-19定点医院供氧现状的应急方案（中国气协函[2020]9号）

6.3.3 应急医院消防及其他

（1）发热病患集中收治临时医院防火技术要求
（2）传染病医院和装配式建筑相关标准文件

6.4 新冠肺炎等呼吸类传染病医院医用气体系统规划设计

6.4.1 医用氧气、压缩空气及医用真空系统流量计算

我国所有医疗卫生机构医用氧气、压缩空气、负压吸引系统流量计算依据均按《医用气体工程技术规范》GB 50751—2012附录B医用气体气源流量计算的参数进行设计。结合国家卫生健康委员会办公厅国家中医药管理局办公室《关于印发新型冠状病毒肺炎诊疗方案（试行第五版 修正版）的通知》（国卫办医函［2020］117号）以及医用气体在新冠肺炎等呼吸类传染病医院实际使用时流量远高于设计流量，为更好地应对该类呼吸类传染病医院的建设，针对该类医疗卫生机构急需单独制定流量计算方式及数据。

1. 流量参数

（1）系统压力及终端流量参数的确定：医用气体终端处压力及流量应符合表6-1规定。

医用气体终端处压力及流量　　　　　表6-1

医用气体种类	使用场所	额定压力（kPa）	典型使用流量（L/min）	设计流量（L/min）
医用氧气	手术室和用N_2O进行麻醉的用气点	400	6～10	100
	其他病房用气点	400	6	10

续表

医用气体种类	使用场所	额定压力（kPa）	典型使用流量（L/min）	设计流量（L/min）
负压吸引	大手术室	40（真空压力）	15～80	80
	小手术室、病房用气点	40（真空压力）	15～40	40
压缩空气	手术室	400	20	40
	重症监护病房、新生儿、高护病房	400	60	80
	其他病房床位	400	10	20

注：1. 350kPa、400kPa、800kPa气体的压力允许最大偏差分别为350kPa+50（-40）kPa、400kPa+100（-80）kPa、800kPa+200（-160）kPa；

2. 在医用气体使用处与医用氧气混合形成医用混合气体时，配比的医用气体压力应低于该处医用氧气压力50～80kPa，相应的额定压力也应减少为350kPa。

2. 用气单元流量参数的规划

依据《新型冠状病毒感染的肺炎传染病应急医疗设施设计标准》T/CECS 661—2020、国家卫生健康委员会办公厅住房和城乡建设部办公厅《关于印发新型冠状病房肺炎应急救治设施设计导则（试行）的通知》（国卫办规划函［2020］111号），医用气体系统每床位应按ICU供应量考虑且同时使用系统取为100%，所有管路应能满足峰值流量供应需求[4]。制定用气单元压缩空气、负压吸引系统、医用氧气系统流量计算参数，可按表6-2取值。

压缩空气、负压吸引系统、医用氧气流量计算参数 表6-2

使用科室		压缩空气（L/min）			负压吸引系统（L/min）			医用氧气（L/min）		
		Q_a	Q_b	γ	Q_a	Q_b	γ	Q_a	Q_b	γ
手术室	麻醉诱导	40	40	10%	40	30	25%	100	6	25%
	重大手术室、整形、神经外科	40	20	100%	80	40	100%	100	10	75%
	小手术室	60	20	75%	80	40	50%	100	10	50%
	术后恢复、苏醒	60	25	50%	40	30	25%	10	6	100%
重症监护	ICU、CCU	60	30	100%	40	40	100%	10	6	100%
其他	急诊、抢救室	60	20	20%	40	40	50%	100	6	100%
	普通病房	60	15	5%	40	20	10%	10	6	100%
	CPAP呼吸机	—	—	—	—	—	—	75	75	100%

注：1. 本表按新冠肺炎等呼吸类传染病医院的参数编制。
　　2. 医用氧气不作呼吸机动力气体。
　　3. CPAP呼吸机适用于重症患者。

3. 气源的流量规划

根据新冠肺炎传染病医院医用气体终端点位布置，普通床位标准配置医用氧气、负压吸引系统、压缩空气配置。计算新冠肺炎传染病医院医用气体系统总流量，并根据当地的地理环境、临床用气特点等考虑一定的冗余量，即可规划出各系统的气源流量，以确定其相应气源设备的型号、功率大小等参数。

根据医用气体系统管路应分区分系统设置的原则，结合应急新冠肺炎传染病医院护理单元的建筑结构布局的需求，确定医用气体系统管路供应医用气体终端点位，并计算出每条医用气体系统管路流量。

6.4.1.1 医用氧气系统流量计算

医用氧气的终端点位设置在手术室、恢复室、ICU、病房、急诊室等，医用氧气的终端点位供气压力为0.4~0.5MPa。

医用氧气系统气源的计算流量可按《医用气体工程技术规范》GB 5075—2012第9.2.1条计算，终端点位处的额定流量、终端点位处的计算平均流量及同时使用系数等根据表6-2取值。

设备选型时，医用氧气系统流量安全系数取1.1~1.2。

根据应急新冠肺炎传染病治疗特点以及国家卫生健康委员会办公厅国家中医药管理局办公室《关于印发新型冠状病毒肺炎诊疗方案（试行第五版 修正版）的通知》（国卫办医函［2020］117号），重症患者应接受面罩吸氧，采用高流量鼻导管氧疗或无创机械通气[4]。应急医院重症病床按总床位的20%进行计算，重症病员氧气用量按CPAP呼吸机计算。

新型冠状肺炎等呼吸类传染病医院属于应急传染病医院，医用氧气平均日用时间按24h计算。

6.4.1.2 压缩空气系统流量计算

在新冠肺炎等呼吸类传染病医疗卫生机构中，医用空气仅用于医疗空气，作为呼吸机等治疗设备供应于病人使用。

压缩空气系统气源流量按《医用气体工程技术规范》GB 5075—2012 9.2.1条计算，终端点位处额定流量、终端点位处计算平均流量及同时使用系数等根据表6-2取值。

压缩空气系统设备选型时，流量安全系数取1.1~1.2。

6.4.1.3 负压吸引系统流量计算

负压吸引系统在新冠肺炎等呼吸类传染病医院临床使用中起着重要的作用，尤其是手术室、ICU等生命支持区域都需要大流量不间断使用，系统流量的不足有可能会导致严重的医疗事故。

负压吸引系统气源流量的可按《医用气体工程技术规范》GB 5075—2012第9.2.1条计算，终端点位处额定流量、终端点位处计算平均流量及同时使用系数等根据表6-2取值。医用真空系统设备选型时，流量安全系数取1.1～1.2。

6.4.2　医用气体站房设备选型与布置

新型冠状肺炎等呼吸类传染病医院医用气体站房包括医用氧气供应源站房、真空供应源站房、压缩空气供应源站房及其他医用气体供应源站房。

6.4.2.1　医用氧气站房设备选型与布置

1. 医用氧气供应源

医用氧气供应源包括主气源、备用气源及应急备用气源[1]。

新型冠状肺炎等呼吸类传染病医院可采用医用液氧贮罐供应源或医用分子筛制氧机组供应源为主用和备用气源、医用氧气钢瓶汇流排供应源作为应急备用气源。

2. 氧气供应源设备选型

医用氧气供应源供氧量主要根据医用氧气用气点位数量、额定流量、计算平均流量及同时使用系数计算得出[10]。

由于新型冠状肺炎等呼吸类传染病医院建设周期短，要求施工单位响应速度快，在设计选型过程当中要充分考虑到建设周期及现场用电负荷等现场不可控因素。因此建议采用安装简单方便的医用液氧贮罐作为主用和备用供应源，医用氧气汇流排作为应急供应源。

（1）医用液氧贮罐供应源

医用液氧贮罐供应源应由医用液氧贮罐、汽化器、减压装置、分气缸等组成，医用液氧贮罐供应源的医用液氧贮罐不应少于两个。国家卫生健康委员会办公厅国家中医药管理局办公室《关于印发新型冠状病毒肺炎诊疗方案（试行第五版 修正版）的通知》（国卫办医函［2020］117号）新型冠状肺炎病人治疗过程中氧疗属于非常重要的治疗方法。

医用液氧供应源的设置位置应在传染病医院非隔离区，并充分考虑液氧运输便利性。

1）医用液氧贮罐。医用液氧贮罐贮存的是低温液氧，根据液氧特性，只能作为主用氧源或备用氧源，根据医院总用氧量计算出医用液氧贮罐的容积，医用液氧贮罐宜储备一周或以上用氧量，应至少不低于3d的用氧量[10]。

2）汽化器。汽化器用于将液氧气化为氧气供给使用，汽化器选择时应充分留有余量，应为计算用氧量的1.1～1.2倍，便于汽化器化霜，避免氧气用量大、流速过快等恶劣情况导致液氧汽化不完全。

3）其余参见《医用气体工程技术规范》GB 50751—2012相关要求。

（2）医用分子筛制氧机供应源

医用分子筛制氧机供应源采用变压吸附原理，在空气中进行氧气的物理分离。设备选型首先要根据计算出的医院总用氧量确定采用多少套医用分子筛制氧机供应源，但至少应满足一用一备或多用一备。医用分子筛制氧机供应源的组成设备中，空气压缩机是主要的用电设备，空气压缩机功率大小将直接影响到整个系统的用电功率，因此建议选择多用一备，降低单套医用分子筛制氧机供应源的用电功率，减少用电负荷[10]。

（3）医用氧气钢瓶汇流排供应源

根据医用氧气钢瓶汇流排供应源特点，其主要作为应急备用氧源使用。医用氧气钢瓶汇流排供应源的汇流排容量，根据医院生命支持区域的最大耗氧量及操作人员班次确定，但必须满足生命支持区域4h的用氧量[10]。

3. 医用氧气供应源站房的布置

（1）医用液氧贮罐供应源站房的布置

1）医用液氧贮罐站的布置

医用液氧贮罐站的布置应符合下列规定：

①医用液氧贮罐供应源站房选址位于非隔离区[11]。

②其余要求满足《医用气体工程技术规范》GB 50751—2012第4.6条建筑及构筑物有关规定。

2）医用液氧贮罐布置原则与要求

医用液氧贮罐与建筑物、构筑物的防火间距，应符合下列规定：

①医用液氧贮罐与医疗卫生机构外建筑之间的防火间距，应符合现行国家标准《建筑设计防火规范》GB 50016—2014有关规定。

②医用液氧贮罐与医疗卫生机构内部建筑物、构筑物之间的防火间距，应符合《医用气体工程技术规范》GB 5075—2012有关规定。

（2）医用分子筛制氧机供应源站房的布置

1）医用分子筛制氧机供应源站房的选址位于非隔离区[11]。

2）医用分子筛制氧机供应源站房布置应满足《医用气体工程技术规范》GB 50751—2012第3.6条建筑及构筑物的有关规定。

（3）医用氧气钢瓶汇流排供应源站房的布置

1）医用氧气钢瓶汇流排供应源站房的选址位于非隔离区[11]。

2）医用气体汇流排布置满足《医用气体工程技术规范》GB 50751—2012第4.6条的有关规定。

6.4.2.2 医用真空气体站房设备选型与布置

医用真空供应源：

（1）医用真空供应源设备选型

医用真空供应源由真空泵、真空罐、除菌过滤器、集污罐、控制柜、监测与报警装置、真空阀及管路等组成。

1）真空泵。真空泵是医用真空供应源中产生医用真空的设备，在《医用气体工程技术规范》GB 50751—2012实施之前，我国绝大多数医院的医用真空供应源站房内大多采用液环式真空泵。液环式真空泵耗水量较大，一般需要安装水循环系统，由于液环式真空泵的水循环系统易漏水，真空排气中细菌随着水漏出造成站房与环境污染。同时系统中的真空电磁阀、止回阀关闭不严造成密封液体回流等故障现象也较多，真空压力有时不能保证。液环式真空泵的排水应经污水处理合格后排放，且应符合现行国家标准《医疗机构水污染物排放标准》GB 18466—2005的有关规定[10]。

2020年2月4日国家卫生健康委员办公厅《国家卫生健康委办公厅关于全面紧急排查定点收治医院真空泵排气口位置的通知》（国卫办医函〔2020〕104号）中明确提出对水环式真空泵排查整改要求。因此，建议传染病医院采用油润滑旋片式真空泵或无油爪式真空泵。

2）除菌过滤器。医用真空系统宜设置细菌过滤器或采取其他灭菌消毒措施。当采用细菌过滤器时过滤精度应为0.01～0.2μm，效果达到99.995%，并应设置备用细菌过滤器，每组细菌过滤器均应能满足设计流量要求，医用气体细菌过滤器处应设置滤芯性能监视措施。在医用真空供应源真空泵和真空罐之间设置除菌过滤器，除菌过滤器处理量不得小于真空泵抽气量，根据真空泵一对一设置[10]。

3）其余系统设置要求参见《医用气体工程技术规范》GB 50751—2012的相关规定。

（2）医用真空供应源站房的布置

1）医用真空供应源站房的选址应设置在隔离区内[11]。

2）医用真空站房内应安装紫外线灯或其他灭菌设备，至少每日3次，每次60min定时消毒，紫外线灯开启时应有明显的警示标示，避免人员进入[9]。

3）新冠肺炎等呼吸类传染病医院医用真空站房内真空罐底部不应设置排污口，避免细菌未经处理造成操作人员感染。

4）站房维保人员进入中心吸引站房，特别是使用水环式真空泵的站房，应注意个人防护，根据《个体防护装备选用规范》GB 11651选择个人防护装备[9]。

5）医用真空机组的排气应符合下列规定：

排气口应位于室外，不应与医用空气进气口位于同一高度，且与建筑物的门窗、其他开口的距离不应少于5m[4]。其余要求详见《医用气体工程技术规范》GB 5075—2012相关要求。

6.4.2.3 压缩空气站房设备选型与布置

压缩空气供应源主要由空气压缩机、干燥机、过滤器、储气罐、控制柜、减压装置、分气缸、阀门及管道等组成，用于制取、储存并输送医用空气。

1. 压缩空气供应源设备选型

压缩空气供应源供气量主要根据医疗空气用气点位数量、额定流量、计算平均流量及同时使用系数计算得出。

2. 压缩空气供应源站房的布置

（1）压缩空气供应源站房选址位于非隔离区[11]。

（2）其余参见《医用气体工程技术规范》GB 50751—2012相关要求。

6.4.3 医用气体管道系统设计

医用气体管道系统是指医用氧气、医用真空、压缩空气等医用气体的集中供应、排放和配管系统，是新冠肺炎等呼吸类传染病医院重要且必不可少的组成部分。

1. 管材及管网设备的选用

（1）管材及管件

选用医用气体管材时应符合《医用气体工程技术规范》GB 50751—2012相关规定。

（2）管网设备

1）区域阀门

每楼层管道井内的医用气体干管上应设置区域阀门，使各病区成为独立的使用单元，保证每个房间或病床医用气体终端在不影响其他医用气体终端使用的情况下进行检修。

2）二级稳压（减压）箱

由于新型冠状肺炎等呼吸类传染病医院用氧量大，氧气主管道只有提高输送压力才能满足氧气输送量，所以为保证各病区病房氧气终端的压力稳定，应在每个病区楼层副管道管井处设置一台大流量二级稳压（减压）箱，将主管道送来的压力较高的气体减压到各科室使用的不同压力，以便各科室使用的气体恒压恒量，达到高压输送低压使用的目的。

3）其余详见《医用气体工程技术规范》GB 50751—2012的相关规定。

2. 管径计算

（1）通用要求

1）医用氧气、压缩空气主管道进入隔离区位置应设置防回流装置[6]。

2）根据新冠肺炎等呼吸类传染病医院用氧量大的特点，医用氧气主管道输送压不宜低于0.8MPa，病区氧气副管道输送压力不宜低于0.45MPa。

3）病房支管道医用氧气、医疗空气宜选择10×1，医用真空宜选择12×1。

4）其余要求详见《医用气体工程技术规范》GB 50751—2012的相关规定。

（2）计算

管径的计算、压力损失及壁厚参照《医用气体规划与运行管理指南》中的相关内容。

📖 参考文献

［1］医用气体工程技术规范GB 50751—2012，2012年7月

［2］丁建章．新型冠状病毒肺炎与吸氧

［3］钟南山．不排除"超级传染者"，个别潜伏期超三周

［4］关于印发新型冠状病毒感染的肺炎诊疗方案（试行第五版）的通知

［5］葛慧青，梁宗安．针对新型冠状病毒感染患者的雾化吸入治疗的建议

［6］新型冠状病毒感染的肺炎传染病应急医疗设施设计标准T/CECS 661—2020

［7］解决COVID-19定点医院供氧现状的应急方案（中国气协函［2020］9号）

［8］国家卫生健康委员会办公厅．国家卫生健康委员会办公厅关于全面紧急排查定点收治医院真空泵排气口位置的通知（国卫办医函［2020］104号），2020年2月4日

［9］关于医院中心吸引系统现状与处置措施的建议，2020年2月7日

［10］谭西平，赵奇侠，谢磊．医用气体系统规划建设与运行管理指南，2015年12月

［11］关于印发新型冠状病毒肺炎应急救治设施设计导则（试行）的通知

第7章 呼吸道传染病医院柴油发电机房配套系统设计

　　我国还没有专门的呼吸道传染病医院，呼吸道传播疾病归于传染病医院进行诊治，而本书内容主要涉及可通过空气传播的呼吸道疾病，因此这里暂时使用呼吸道传染病医院这个概念。呼吸道传播是比较快速和防控比较困难的传播方式，对于呼吸道传染病医院的设计涉及生命安全，因此供电系统的保障非常重要，柴油发电机作为备用发电设备要在紧急情况下能够安全平稳运行。

　　根据规范要求，呼吸道传染病房和病区列入自备应急电源供电的范围，除此之外传染病医院的手术室、抢救室、急诊处置及观察室、产房、婴儿室；重症监护病房、血液透析室；医用培养箱、恒温（冰）箱，重要的病理分析和检验化验设备；真空吸引、压缩机、制氧机等均在自备应急电源的范围。柴油发电机是自备应急电源的常用形式，要保证柴油发电机正常运行，机房的配套系统设计同样非常重要，通风系统、供油系统和烟囱系统是保障柴油发电机组安全运行的必要条件。

7.1　柴油发电机房通风系统设计

　　目前大型柴油发电机组和柴油发电机房（指单台容量在1000kW以上

的柴油发电机组和容量大于2000kW以上的柴油发电机房）作为大型公共
建筑及数据中心等建筑的应急备用电源已得到广泛应用，但柴油发电机房
的通风设计一直缺乏相关的计算依据，通过三家著名品牌柴油发电机组的
产品样本提供的资料，从能量分配的角度，对大型柴油发电机房的通风问
题进行分析。

1. 大型柴油发电机房的通风系统及运行通风量计算

1）大型柴油发电机房的通风系统

柴油发电机房的通风要有平时通风和运行通风两个系统。

a. 平时通风系统

应急柴油发电机房平时都处于待机状态，机房位置往往被安置在地下
室，通风不好，为保障及时启动，维持必要的室内条件是重要的，产品样
本上规定的使用环境条件是：温度t=0～40℃，相对湿度<99%；手册上推
荐柴油发电机房平时通风6次/h，日用油箱间事故排风12次/h。考虑到运
行时机房温度高、噪声大，应设置控制室，将一些仪表、电话、值班人员
设在可视的隔间内，并提供分体空调，易于平时通风。

b. 运行通风系统

因为柴油发电机房开启时余热大、噪声高［单机达102～107dB
（A）］，为了保证柴油发电机的正常运行，需将余热排出室外，保持柴油
发电机房温度低于40℃。大功率柴油发电机组运行时余热量很大，一般都
以水冷方式将余热量转移出去。

大型柴油发电机有如下几种水冷却方式：[1]

a. 远置式冷却水箱闭式循环散热方式：此方式适用于独立设置，并
具备设置远置式水箱位置的场合，由制造厂家配套，使用者将远置式水箱
安置在室外适当场地，避免运行时风扇噪声对环境的影响。它承担柴油发
电机余热的较大部分，剩余的热量仍由机房通风系统来承担。

b. 中水调节池或雨水收集调节池循环方式：此方式适用于该建筑物具备中水处理或雨水收集系统，且中水调节水池或雨水收集调节池容量较大的项目，可以满足应急供电数小时，此方式利用水体温升，来吸纳柴油发电机组水冷却器释热量，使水温不超过55℃。

c. 冷却塔供水方式：冷却塔如单独设置，要考虑全年室外工况以及冬季防冻措施，如全年运行的冷却塔、数据中心机房或有内区供冷的大型公共建筑物。可从全年运行的冷却水系统中分出一路作为应急柴油发电机房的冷却水供给。

以上三种方式中，b和c方式均属于二次冷却水方式。

2）大型柴油发电机房的运行通风量计算

现有推荐柴油发电机运行通风的释热计算，其中仍有经验估算部分，大致在小时燃料热的6%~8%，如以发电机效率为40%，发电机容量1000kW，进、排风温差 Δt=8~10℃时估算通风量。

进、排风8℃温差，以燃料热6%~8%释热的通风量/1000kW：

$$L_j^8 = 3600 \times \frac{1000 \times (0.06 \sim 0.08)}{0.4 \times 1.01 \times 8 \times 1.2} = 55693 \sim 72257 \text{m}^3/\text{h}$$

进、排风10℃温差，以燃料热6%~8%释热的通风量/1000kW：

$$L_j^{10} = 3600 \times \frac{1000 \times (0.06 \sim 0.08)}{0.4 \times 1.01 \times 10 \times 1.2} = 44554 \sim 59406 \text{m}^3/\text{h}$$

以上计算得到的换气量为进风量，这是因为燃烧空气量是从室内吸入，它的温度为室温，它吸入时已参与了吸取余热，大量换气次数使室温与排风温度已接近。

对于容量不是很大（指容量小于2000kW）的机房用这个值来提供土建实施起来也许不困难。当容量大时，进、排风竖井面积占用上部楼层的使用面积，必须准确计算才有说服力。我们分析了几个著名品牌柴油发电机组产品样本提供的技术参数，发现他们表达的方式不一致，因为不是针对通风专业提资，我们试图从其能量分配组图中找出向室内散热的负荷，详见各厂提供的技术参数经计算后表述的能量组图。

2. 能量分配组图及分析

1）能量分配组图

柴油发电机组包括柴油发动机和发电机两部分，发电机的散热量可以根据公式（7-1）进行计算。燃油热和燃烧空气热分别按照公式（7-2）和式（7-3）进行计算。

$$Q'=P\times(1-\eta)\div\eta \qquad\qquad (7\text{-}1)$$

式中　　Q'——散热量（kW）；

　　　　P——发电功率（kW）；

　　　　η——发电效率，大型发电机一般取0.945～0.972。

燃油热的计算公式：

$$Q_{ry}=L\times\rho\times Q_{DW}^{y}\div860 \qquad\qquad (7\text{-}2)$$

式中　　Q_{ry}——燃油热（kW）；

　　　　L——燃油量（L/h）；

　　　　ρ——燃油密度（kg/m³）；

　　　　Q_{DW}^{y}——燃油低位热值（kcal/kg）。

排烟热是根据燃油成分计算出所需理论空气量，由于内燃机为追求热效率，多是采取过剩空气和高压缩比燃料，本案以某厂提供吸入空气计算烟气标准状态的焓值（h_y）如下：

当烟气温度为400℃时，$h_y^{400℃}=556.7$kJ/m³；当烟气温度为460℃时，$h_y^{460℃}=643$kJ/m³；当烟气温度为500℃时，$h_y^{500℃}=700.8$kJ/m³。

燃烧空气代入的热量计算公式：[2]

$$h_k = \rho \times C_p \times t_{rs} \div 3600 \qquad (7-3)$$

式中　h_k——燃烧空气的焓值（kW）；

　　　　ρ——标准状态的空气密度（kg/m³），ρ=1.2kg/m³；

　　　　C_p——干空气定压比焓（kJ/kg），C_p=1.01kJ/kg；

　　　　t_{rs}——燃烧空气温度（℃）。

　　三个厂家的柴油发电机组的能量分配表如表7-1～表7-3所示，组图如图7-1～图7-3所示[3~5]。

A厂柴油发电机组能量表　　表7-1

P1500（1200kW）	占燃油热百分比（%）
100%负荷时耗油307L/h，燃油热3034kW	100
排烟热1013kW	33.4
总散热167kW	5.5
冷却系统散热511kW	16.8
发电功率1200kW	39.6
总计	95.3
非热	4.7

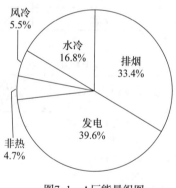

图7-1　A厂能量组图

B厂柴油发电机组能量表　　表7-2

MTU2000（1512kW）	占燃油热百分比（%）
100%负荷时耗油362L/h，燃油热3578kW	100
排烟热1116kW（燃烧空气焓：58.5kW）	31.2（-1.6）

续表

MTU2000（1512kW）	占燃油热百分比（%）
辐射热75kW	2.1
冷却系统840kW（引擎580kW+增压器260kW）	23.5
发电功率1512kW（发电机功耗4.5%×1512=68kW）	42.3（1.9）
总计（未扣除燃烧空气焓）	99.1
总计（扣除燃烧空气焓）	97.5
非热	2.5

图7-2　B厂能量组图

C厂柴油发电机组能量表　　表7-3

VGS2350（1798kW）	占燃油热百分比（%）
100%负荷时耗油407L/h，燃油热4023kW	100
排烟热1315kW（燃烧空气焓：76kW）	32.7（-1.9）
所要求的通风换气量为2226m³/min，温差5~8℃，可排热量225~360kW	-（5.6~8.9）
冷却系统970kW	24.1
发电功率1798kW	44.7
总计（未扣除燃烧空气焓）	101.5
总计（扣除燃烧空气焓）	99.6
非热	0.4

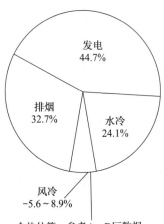

余热估算：参考A、B厂数据，排烟管系0.5%，引擎2.1%，冷却器2.35%，发电机散热1.9%，合计6.85%，小于8.9%。

图7-3　C厂能量组图

2）分析

A厂产品资料提供的总散热量为167kW，占燃料热的5.5%，[3]估计包含了柴油机、冷却水循环系统、换热器、发电机等主要设备向室内的散热，但排烟系统会受用户安装变化，不好估计，我们假设排烟管、消声器等保温后仍有0.5%燃料热的散热，则运行通风系统消除热负荷为燃料总热的6%。

B厂提供的室内热辐射为75kW，只占燃料热的2.1%；而提供的冷却水循环系统排除热量为840kW，占燃料热的23.2%，[4]冷却水系统一定对室内有散热，设定为其10%散入室内（即占燃料热的2.3%）；发电机功耗为$\frac{1-\eta}{\eta}$=4.5%，折合成燃料热的为1.9%；加上排烟系统的0.5%，合计增加4.7%，则B厂运行通风系统消除热负荷为燃料总热的6.8%。

C厂未提供传入室内的散热，但计算出能量组图已达101.5%燃料热[5]，判定是能量组图中未包括参与燃烧的空气焓，因为柴油机吸入空气量很大，如以30℃计算其焓值也达到烟气总热的5%，占到燃料总热的1.9%。该厂提供要求的换气量为2226m³/min，以5~8℃温差计算出能排除的热量为225~360kW，折合到燃料总热的-（5.6%~8.9%），即消除室内余热能力，表达到能量组图中。

从以上分析可知，以小时燃料总热的6%~8%作为运行通风所需消除余热负荷是够的，但在大型柴油发电机房设计时，困难较大，没有精确的分析提资给土建也缺少说服力。如果运行通风量能减小，就可减少占用建筑空间，节省土建投资，建议在作设计时，应针对选用柴油发电机机型作具体分析，并作为设计依据。

根据以往的项目经验，可供参考的通风方案为：大型柴油发电机房，尤其是服务于数据中心的机房，都是逐步扩容的，进风系统应以将来扩容后的量设计，排风系统宜选择2~3个排风机并联安装，以适应变负荷运转，减小排风机的尺寸，消声也容易处理。推荐自然进风机械排风方式，当自然进风百叶面风速为1.0m/s，竖井风速为2.0m/s时，1000kW功率的柴油发电机组的进风百叶如表7-4所示。

进风百叶及竖井面积表 表7-4

进风排风温差Δt（℃）	进风百叶面积（m²）	进风竖井面积（m²）
10℃	16	8
8℃	20	10

注：如果能做下沉式侧窗进、排风，消声器可做在室内，节省上部竖井的建筑面积。

排风量以进风量减去燃烧空气量（即吸入空气量）进行计算。当产品样本上查不到时，可以每1kg/h燃油按20m³/h计算燃烧空气量。例：1000kW功率发电机组耗油224kg/h，燃烧空气量20×224=4480m³/h。当进、排风温差Δt=10℃时，6%燃料热计算的燃烧空气量约为进风量1/10；当进、排风温差Δt=8℃时，6%燃料热计算的燃烧空气量约为进风量1/8。

大型柴油发电机房运行噪声大，门要做声闸，室外远置式冷却水箱应做噪声环评，根据环评报告决定是否做遮声屏。进、排风口均应做消声处理。产品出厂时带一节烟气消声器，当周边有居民时再增加住宅消声器，进、排风及烟气各自对环境影响做消声计算。

3. 结论

通过对柴油发电机组运行能量分配的分析，得出对于水冷式大型柴油发电机组，其通风量可以按照6%~8%的燃油热量进行余热量估算[6]。

7.2 柴油发电机房供油系统设计

7.2.1 柴油发电机组耗油量的计算

柴油发电机的供油系统是保证柴油发电机安全正常运行的关键系统，根据《医疗建筑电气设计规范》JGJ 312—2013的规定，柴油发电机组的供油时间，三级医院应大于24h，二级医院宜大于12h，二级以下医院宜大于3h。

柴油发电机的供油系统包括室外油罐、输油泵、卸油泵、日用油箱及控制系统组成。其中室外油罐根据用油量计算确定是否需要设置。

柴油发电机的用油量如没有数据时，可以根据柴油发电机容量按0.27L/kW进行估算。日用油箱间的日用油箱只允许最多储存1m³的油。因此如果柴油发电机组在保证运行时间的前提下用油量超过1m³，就需考虑设置油罐。

举例：一个三甲传染病医院项目，柴油发电机作为备用电源，容量为1000kW，计算其用油量和是否需要设置油罐。

根据以下公式计算：

$$L=0.27\times P\times t\div 1000$$

式中 L——耗油量（m³）；

P——柴油发电机功率（kW）；

t——柴油发电机组的运行时间（h）。

经过计算，柴油发电机组运行24h耗油量为6.5m³，大于1m³，因此需要设置室外油罐。

如果1m³的储油能够满足消防备用电源3h的要求。那么额外的柴油发电机运行时间用油需求，如何满足呢？如果周边附近有加油站，可以在可接受时间内紧急加油，也可以不设置油罐，这个条件需与业主进行沟通确认，并与周边加油站签订紧急供油协议。

7.2.2 供油罐的设置要求

1. 防火间距

根据《建筑设计防火规范》的规定，柴油属于丙类液体燃料，其储罐应该布置在建筑外。储油罐距建筑物的间距要求：

1）当总容量不大于15m³时，且直埋在地下室外墙外，面向油罐的上下左右范围内为防火墙，间距可不限；

2）当总容量大于15m³时，且油罐为直埋时，间距如表7-5所示。

柴油油罐防火间距表（m）　　　　　　　　表7-5

容量V（m³）	一级、二级		三级	四级	室外变配电站
	高层民用建筑	裙房及其他建筑			
$5 \leqslant V < 250$	20	6	7.5	10	12
$250 \leqslant V < 1000$	25	7.5	10	12.5	14
$1000 \leqslant V < 5000$	30	10	12.5	15	16
$5000 \leqslant V < 25000$	35	12.5	15	20	20

2. 储油罐类型

储油罐的分类如表7-6所示，民用建筑的柴发油罐一般采用金属卧式油罐，直埋安装。

3. 储油罐的直埋要求

1）地下直埋的卧式金属油罐覆土厚度一般不超过1m。

2）若埋在地下水位以下时，应做抗浮计算，使得罐体重量、覆土重量和基础的重量之和要大于罐体及混凝土块所受浮力。暖通专业进行抗浮

储油罐的分类[7]　　　　表7-6

不同分类	类型		
按材料分	金属油罐	非金属油罐	
按形状分	立式油罐	卧式油罐	
按结构形式分	拱顶油罐	无力矩油罐	特殊结构油罐
按布置方式分	地下油罐	半地下油罐	地上油罐

计算比较困难，需请结构专业配合计算。

3）如果埋入深度在地下水位线以上，油罐需涂沥青防腐层，可以直接埋于夯实并铺有不小于300mm厚的砂垫层的罐坑内。

4）地下油罐埋置后，其周围及罐顶均应回填200～300mm厚的砂层，然后再覆土。

5）油罐的人孔上方应设置不小于800mm×800mm的人孔保护井。

常用的DY型地下卧式钢制轻油罐规格尺寸如表7-7所示，可以进行选用。卧式储油罐外形图如图7-4所示。

DY型地下卧式钢制油罐规格尺寸表[7]　　　　表7-7

型号	公称容积（m³）	设计容积（m³）	满水荷载（N）	直径DN（mm）	长度L（mm）
DY-2	2	2.09	25500	1200	2060
DY-5	5	5.03	59300	1200	4660
DY-6	6	6.40	75000	1600	3462
DY-8	8	8.01	93100	1600	4262
DY-10	10	10.02	115700	1600	5262
DY-15	15	15.14	170400	2000	5162

续表

型号	公称容积（m³）	设计容积（m³）	满水荷载（N）	直径DN（mm）	长度L（mm）
DY-20	20	20.10	224500	2000	6742
DY-25	25	25.12	284700	2400	5966
DY-30	30	30.10	333000	2400	7066
DY-30A	30	30.34	335400	2600	6166
DY-50	50	50.52	551700	2600	9966

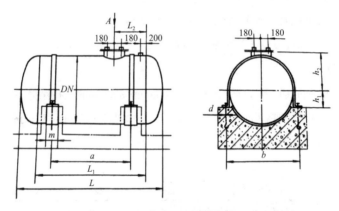

图7-4　卧式储油罐外形图

　　储油罐需设置带阻火器和防雨设施的通气管，通气管离地不小于4m，并预留加油口。

7.2.3　燃油供应系统设计

　　燃油供应系统是柴油发电机组的重要组成部分，柴油发电机组燃油系统的工艺流程：油罐车卸油至室外储油罐（如有），再由输油泵输送至日

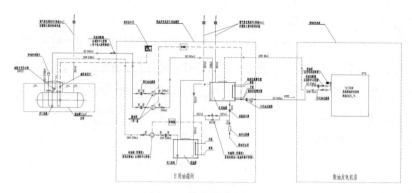

图7-5 柴发供油原理图

用油箱间，并由柴油发电机组自带的供油泵输送至燃烧器，一部分油供燃烧，另一部分回流至日用油箱（图7-5）。

日用油箱间的容量不能超过1m^3，油箱不得采用玻璃管液位计，且需设置直通室外的通气管，通气管上应装设阻火器和防雨设施。如果设置室外油罐，宜设置紧急卸油箱，发生紧急情况下，日用油箱的油通过卸油阀卸至卸油箱，再由卸油泵排至室外油罐。

7.3　柴油发电机房烟囱系统设计

1. 烟囱材质

柴油发电机烟囱一般采用成品不锈钢双层烟囱，烟囱内层采用厚度为1.2mm的不锈钢316材质，外层采用厚度为0.8mm的不锈钢304材质。

2. 烟囱设置高度

柴油发电机烟囱高度没有相关的规范要求，一般都是参照锅炉房的烟囱高度要求，按离地高度不小于8m设计。柴发的烟囱可以在裙房屋顶排放或室外总体上找一个位置，结合景观设计考虑。

3. 烟气净化措施

因柴油发电机只有紧急情况下使用，所以规范对于柴油发电机的烟气中各污染物的排放浓度没有规定。但是根据规定，柴油发电机需每个月试机一次，有的业主担心试机时冒黑烟，所以要求增加净化措施。目前一般使用水淋净化设备。

4. 烟囱尺寸

柴发烟囱尺寸可以先按流速不超过15m/s进行选择，然后再复核柴油发电机的排烟背压是否能克服烟囱的阻力。

📖 参考文献

［1］项姗中，梁庆庆，张伟伟 . 暖通空调设计技术措施［M］. 上海：同济大学出版社，2009

［2］编写组编著 . 燃油燃气锅炉房设计手册［M］. 北京：机械工业出版社，1998

［3］伯琼斯·劳斯莱斯柴油发电机组安装设计参考手册

［4］德国AGG集团MTU型柴油发电机技术参数表

［5］VGS2350HV开放型柴油发电机组技术资料

［6］项姗中，梁庆庆，张伟伟 . 大型柴油发电机房通风问题探讨［J］. 暖通空调，2013，43（4）

［7］燃油燃气锅炉设计手册 . 北京：机械工业出版社，2007

第8章　呼吸道传染病医院锅炉房设计

医院的锅炉房一般有热水锅炉和蒸汽锅炉两种，热水锅炉提供空调和生活用热源。蒸汽锅炉提供中心供应、洗衣房、厨房的用汽以及空调系统加湿用汽。作为后勤保障环节很重要的一个组成部分，锅炉的安全平稳运行对于保证医院正常运转有很大的意义。

8.1　锅炉房热力系统设计

8.1.1　蒸汽参数及用量估算

医院用蒸汽主要有几个功能：中心供应用汽消毒、空调加湿和洗衣房厨房用蒸汽。用于消毒的蒸汽一般需要121℃或者更高温的饱和水蒸气，为了需要维持一定的消毒时间和蒸汽温度，蒸汽必须以0.3～0.55MPa的压力进行输送。饱和蒸汽的汽化潜热使得蒸汽成为一种优良的消毒剂，这是为什么尽量减少消毒用过热蒸汽的原因，一般是使用饱和蒸汽消毒，消毒蒸汽必须相当干燥，干度不小于97%，主要是为了避免携带能够引起织物和器械潮湿及污染的水滴。经过消毒工序的冷凝水不能回收利用[1]。

1. 消毒用高压蒸汽

消毒蒸汽应用场合 表8-1

楼栋	功能区	应用部位
门诊楼	—	处置室、污物处理室、小手术室
医技楼	理疗区	制剂室、蜡疗室
	中心供应	中心供应室
病房楼	—	处置室、污物处理室
后勤配套	洗衣房	洗衣机、消毒器、烘干机、烫平机、熨平机
	厨房	蒸饭箱、煮饭锅、洗碗机、开水器

2. 蒸汽压力要求

不同场合的蒸汽需求压力 表8-2

	蒸汽压力（MPa）	使用部门	使用场合
高压	0.5	洗衣房	洗衣机、烘干机、烫平机、熨平机
		中心供应	消毒器
中压	0.2～0.4	中心供应	消毒室、中心供应
		门诊楼病房楼	处置室、消毒器、分娩室、手术室、各种消毒器
低压	0.03～0.1		加湿器

3. 蒸汽量计算

1）蒸汽量估算

从节能方面考虑，空调和生活用热应采用热水作为热源，蒸汽仅供必须使用蒸汽的场合，这也是节能规范的要求。

北京某些医院蒸汽用气量统计见表8-3，表中数据来源于文献［3］，并经过计算整理形成，蒸汽用量指标剔除了原文献中的生活热水耗蒸汽量。

可以看出，门诊理疗及中心供应的平均用汽指标为1.27kg/（h·床），病房平均用汽指标为1.27kg/（h·床），厨房平均用汽指标为0.55kg/（h·床），洗衣房平均用汽指标为0.87kg/（h·床）。医院平均用汽指标为4.6kg/（h·床），总的用汽量平均值为1730kg/h。

以上数据仅为四家医院的平均值，统计样本数量太少，但可供没有数据时，作为蒸汽量估算的参考指标。

医院蒸汽用量统计　　　　表8-3

| 医院 | 门诊人次 | 病床数 | 门诊楼及中心供应用汽 | | | 病房用汽 | | 厨房用汽 | | 洗衣房用汽 | | 总用汽量 |
	人次/d	床	kg/h	kg/(h·p)	kg/(h·床)	kg/h	kg/(h·床)	kg/h	kg/(h·床)	kg/h	kg/(h·床)	kg/h
宣武	2000	400	521	0.26	1.3	1022	2.56	204	0.51	328	0.81	2075
朝阳	2000	400	454	0.23	1.14	912	2.28	204	0.51	320	0.8	1890
××医院	1600	400	435	0.27	1.09	578	1.45	204	0.51	320	0.8	1537
阜外	1600	300	396	0.25	1.32	496	1.65	204	0.68	320	1.06	1416
均值	1800	375	452	0.25	1.21	752	1.99	204	0.55	322	0.87	1730

2）蒸汽量计算

在施工图阶段，应将各部门的蒸汽用汽设备数量、规格、使用情况确定下来，或者由工艺设计提资各用汽设备的蒸汽量，并与业主商议同时使用系数，从而计算蒸汽量。以下计算公式引用自《医院建筑与设备设计》[3]。

a. 消毒设备的蒸汽耗量：

$$G_1 = \sum \varphi \, n_1 g_1 \ (\text{kg/h})$$

式中 φ——同类设备的同时使用系数，见表8-4；

   n_1——同类设备数量（台）；

   g_1——每台设备的蒸汽耗量[kg/（h·台）]。

同类设备的同时使用系数 表8-4

同类设备数量 n	1	2~3	4~5	6~8	9~11	12~20	21以上
同时使用系数 φ	1	0.8	0.75	0.7	0.65	0.6	0.5

b. 厨房蒸汽耗量：一般蒸煮饭锅、汤锅等同时使用计算。

$$G_2 = \sum n_2 g_2 \ (\text{kg/h})$$

式中 n_2——同类设备数量（台）；

   g_2——每台设备的蒸汽耗量[kg/（h·台）]，由厨房工艺设计提资。

c. 中心供应蒸馏锅蒸汽耗量：

$$G_3 = \frac{q \times [(t_1 - t_2) \times c]}{i - t \times c}$$

式中 q——蒸馏水的产量（kg/h）；

   t_1——蒸馏水的温度（℃）；

   t_2——水的初温度（℃）；

t——凝结水的温度（℃）；

c——水的比热，取值4.19kJ/kg℃；

i——蒸汽的热焓，取值2738kJ/kg（按0.4MPa蒸汽）。

d. 洗衣房蒸汽耗量：

$$G_4=\frac{2.5\times N\times X}{b\times T}$$

式中　　N——医院的病床数（床）；

X——每张病床每月的污衣量（kg）；

b——每月的工作天数（d）；

T——每日的工作时间（h）。

蒸汽锅炉总的用汽量需另加上空调加湿蒸汽耗量G_5，因此选择蒸汽锅炉时，蒸汽耗计算公式为：

$$G=G_1+G_2+G_3+G_4+G_5$$

对于传染病医院，特别是针对呼吸道疾病的病区，或者是应对突发空气传播疫情时，收治病人的病区及其配套诊疗区所需蒸汽量应该100%保证，因此建议蒸汽锅炉选择时，可以细分哪些是呼吸道病区诊疗所需蒸汽量，对这部分蒸汽量要有100%的备用。

8.1.2　蒸汽系统设计要点

（1）蒸汽系统分以下环路设计：

1）病房蒸汽系统；

2）门诊蒸汽系统；

3）中心供应蒸汽系统；

4）洗衣房蒸汽系统；

5）厨房蒸汽系统；

6）空调加湿系统；

7）连续使用的系统，如入院处、急诊室、手术室和分娩室。

（2）蒸汽系统应该遵循高压输送，低压使用且采用明管敷设的原则，尽量将减压阀组设置在用汽末端。

（3）蒸汽管道的水平干管应尽可能设置在管沟内，不宜设置在吊顶内。管沟的高度不宜小于1000mm，宽度不宜小于700mm。通行管沟高度不小于1700mm。

（4）设计时，应尽可能将用汽设备组织在蒸汽立管附近。不应使供汽管和回水管过长，如用汽设备无法集中布置时，应增设一根立管。

（5）明装的蒸汽管道必须考虑维修和拆改管道的可能，并要做保温层，保温层的外面应设保护壳。

（6）蒸汽管道穿楼板时应设套管，套管高出地面20mm。

（7）所有管道均应考虑温度变化引起的伸缩问题，尽量采用自然补偿；自然补偿不能满足要求时，应设置补偿器。

（8）蒸汽管道应保持不小于0.003的坡度，坡向应与水或气流方向相同，供汽管的末端部应设疏水器。

（9）蒸汽管不允许与给水排水、供暖管、氧气等医用气体管道合包在一个包厢里。

（10）用于消毒或加热食物只允许蒸汽间接加热，也不允许将蒸汽直接用于消毒器或用蒸汽直接接触含有细菌、腐蚀性和有毒的物质。

（11）用于消毒的蒸汽冷凝水不能回收利用，应处理达标后再进行排放。

8.1.3 热水锅炉系统设计要点

1. 负荷估算

空调热负荷和生活热负荷是由热水锅炉负担，空调热负荷的统计数据见表8-5，给水排水的热负荷由水专业提资。

以下数据来源于《暖通空调工程优秀设计图集》和《医院通风空调设计指南》。按气候分区统计了空调热指标、空调冷指标、供暖指标和加湿指标，仅供方案和扩初设计阶段估算参考。施工图阶段要详细计算确定。

医院负荷设计指标统计　　　　　表8-5

气候分区	工程名称	建筑面积(m²)	供暖空调面积(m²)	空调热指标(W/m²)	空调冷指标(W/m²)	供暖指标(W/m²)	加湿指标[g/(h·m²)]
寒冷地区	解放军总医院肿瘤中心	30500	26257	131	140	4	71
	北京密云县医院新建医疗楼	118938	94214	75	81	3	29
	河北省职工附属医院门诊楼	50812	38400	81	91	—	26
	河北人民医院医技病房楼	93320	75235	84	104	3	45
	中国人民解放军153院（郑州）	50315	40358	75	102	2	30
	北京朝阳医院改扩建	83937		—	124		
	海军总医院医疗大楼	70240		83	85		
	长安医院（西安）	19600		122	152		
	山东省立医院东院区	138219		104	118		28

气候分区	工程名称	建筑面积（m²）	供暖空调面积（m²）	空调热指标（W/m²）	空调冷指标（W/m²）	供暖指标（W/m²）	加湿指标[g/(h·m²)]
寒冷地区	天津海河医院传染病楼	28668			150		
	海军总医院内科医疗大楼	96374		62	86	4	
	北京电力医院改扩建项目	133770		64	99		
	北京密云县医院医疗综合楼	118938			72		
	北京协和医院改扩建工程	221915			82		
	小计			88	106	3	38
严寒地区	伊犁新华医院新医疗综合楼	96166	—	41	42	72	25
夏热冬冷地区	常州中医院门诊病房楼	69595	53895	52	100	—	—
	阜阳人民医院新区医院	206305		80	113		
	上饶市城东医院	151547		48	78		
	武汉市结核病医院	26340		53	119		
	复旦附属华山医院改扩建	31209	31155	90	135	—	
	岳阳医院改扩建工程	48744	33655	63	82	—	
	上海览海康复医院	43558		31	61	—	
	上海养志康复医院扩建工程	98125	46310	47	79		
	上海市公共卫生中心	90000		76	120		

续表

气候分区	工程名称	建筑面积（m²）	供暖空调面积（m²）	空调热指标（W/m²）	空调冷指标（W/m²）	供暖指标（W/m²）	加湿指标[g/(h·m²)]
夏热冬冷地区	上海东方肝胆医院	177000		62	90		
	湖北宜昌第一人民医院	34395		148	178		
	四川崇州妇幼保健院	57186		66	103		
	江苏兴化医院	101400		—	125		
	上海华山医院门诊综合楼	26600		76	116		
	小计			69	107		
夏热冬暖地区	佛山人民医院肿瘤中心	60364	46509	38	92	—	
	三亚阜外医院康复医疗楼	61665	46509	—	94		
	解放军总医院海南分院	184000		11	101		
	小计			25	96		

备注：表中所指的单位指标是按建筑面积计算的。

2. 热水锅炉容量确定

热水锅炉的容量根据下述公式计算：

$$Q_B = K(k_1 Q_1 + k_2 Q_2 + k_3 Q_3 + k_3 Q_4)$$

式中　　Q_B——热水锅炉容量（kW）；

　　　　K——管道热损失，一般取1.1~1.2；

　　　　Q_1、k_1——供暖热负荷及同时使用系数，k_1一般取1.0；

　　　　Q_2、k_2——空调热负荷及同时使用系数，k_2一般取1.0；

Q_3、k_3——通风热负荷及同时使用系数，k_3一般取$0.7\sim1.0$；

Q_4、k_4——生活热负荷及同时使用系数，k_4一般取$0.5\sim0.8$。

8.2 锅炉房燃料系统设计

8.2.1 锅炉燃料量估算

按照轻柴油低位发热量取42700kJ/kg，天然气低位发热量取值为35169kJ//Nm^3，锅炉的热效率按节能规范规定的最低限值90%，经计算锅炉按1蒸吨（或700kW热量）计算，所需燃油量约为66kg/h，天然气用量约为80Nm^3/h。

8.2.2 锅炉燃油燃气系统设计

呼吸道传染病医院的热水锅炉建议设计为燃气燃油两用型，平时用燃气，当燃气故障时，可以切换为使用燃油。

1. 燃油系统设计要点

1）锅炉房储油罐的总容量可以按$3\sim5$d的最大耗油量计算。

2）锅炉房供油系统宜采用双母管，每根母管的流量按锅炉房最大计算耗油量和回油量之和的75%计算，回油母管采用单母管。

3）油过滤器的选择：

a. 日用油箱与燃烧器之间应设过滤器，过滤网网目不小于20目/cm，滤网流通截面积不宜小于进口管截面积的2倍。

b. 储油罐到日用油箱的输油泵的进口母管上应设2台过滤器，过滤网网目不小于$8\sim12$目/cm，滤网流通截面积不宜小于进口管截面积的$8\sim12$倍。

4）日用油箱间的容量不超过1m^3，油箱的布置高度宜使供油泵有足够的灌注头。油箱的通气口应高出屋面1m以上，与门窗之间的距离不小于3.5m。

5）紧急排油系统：日用油箱上的溢油管和紧急排放管应接至室外事故油罐或储油罐的底部。自动紧急排油阀应有就地启动、集中控制遥控启动或消防控制中心启动。

6）油管路宜采用无缝钢管。

2. 燃气系统设计要点

1）燃气锅炉的供气压力一般为中压，压力为8~20kPa。

2）锅炉房的燃气宜从城市中压供气管道上铺设专用管道供给，且应设专用调压设施和供气系统，以保证锅炉房安全有效运行。

3）在引入锅炉房的室外燃气管上，应设与锅炉房燃气浓度报警装置联动的总切断阀。

4）锅炉房的燃气计量宜单炉配置，集中布置在一个单独房间；模块锅炉宜设置总表。

5）燃气管道应采用输送流体的无缝钢管，严禁用铸铁件，在防火分区内使用的阀门应具有耐火性。

6）燃气管道应按规定设置放散管、取样口和吹扫口。

7）燃气系统的设备、管道及烟囱应设防静电、防雷击的接地装置。

8.3 锅炉房烟风系统设计

8.3.1 锅炉房通风系统

锅炉房通风系统包含平时排风、事故排风和补风系统，通风量估算可见表8-6。

锅炉房通风量估算[2]　　　表8-6

锅炉房位置	燃料类型	锅炉房总容量(t/h)	排风量（h⁻¹）		送风量（m³/h）
			平时排风	事故排风	
地上	燃油	n	3	6	$3h^{-1}+1000n$
	燃气	n	6	12	$6h^{-1}+1000n$
半地下	燃油、燃气	n	6	12	$6h^{-1}+1000n$
地下		n	12	12	$12h^{-1}+1000n$

8.3.2　锅炉房烟囱系统

（1）锅炉房烟囱高度应符合现行国家标准《锅炉大气污染物排放标准》和所在地的相关规定。

（2）燃油燃气锅炉的烟囱，宜单炉配置。当多台锅炉共用一根烟囱时，每根支烟囱上应安装可靠的烟道门。

（3）锅炉烟囱建议采用不锈钢成品烟囱。

（4）锅炉烟囱直径按照流速法选择计算，并根据烟囱抽力大于阻力的原则进行校核。烟囱出口烟气流速10～15m/s，最小负荷时不低于2.5～3m/s。

（5）锅炉烟囱应考虑热胀冷缩问题，根据需要设置膨胀节，在膨胀节处设置检修门。

8.4　锅炉房消防措施设计

（1）锅炉房严禁设置在人员密集场所，其上下左右不能贴邻人员密集场所及主要通道和疏散口的两旁。

（2）燃油燃气锅炉房应设置在首层或地下一层靠外墙部位。常压和真空燃油燃气锅炉可以设置在地下二层或屋顶上。

（3）锅炉房的疏散门应该直通室外或安全口。

（4）燃气锅炉房应设置泄爆口，泄爆口应远离疏散口，距离不小于6m。

（5）锅炉房应设置抗爆墙，值班室的观察窗应采用抗爆固定窗。

参考文献

［1］美国ASHRAE协会. 医院空调设计手册. 北京：科学出版社，2004

［2］黄中. 医院通风空调设计指南. 北京：中国建筑工业出版社，2019

［3］陈惠华，萧正辉. 医院建筑与设备设计. 北京：中国建筑工业出版社，2004

附 录

附录1　新冠肺炎应急传染病医院设计案例

针对新冠肺炎疫情，在疫情的重灾区武汉先后建起了火神山和雷神山两座应急医院，此类医院与2003年抗击非典期间北京小汤山医院的建造模式相同，时间紧、任务重、协调部门众多；主要以短时间内收治某一种特定病例为目的，因此对于这一类应急的传染病医院，暖通设计也就有了明确的针对目标，就是一切要围绕着特定疾病的特点进行设计。

人们通常把建筑的通风空调系统比作人的呼吸系统，本次新冠肺炎疫情为代表的传染病的一个很重要的传播渠道就是通过人的呼吸系统传播，由此可见通风空调系统对于一栋建筑的重要性。对于应急的传染病医院来讲更是如此，通风空调系统设计得合理，特别是各房间之间压力梯度控制得正确且有效，可以有效地阻止病毒的传播，以下是收集的一些此类应急传染病医院的设计案例，供大家参考。

1. 武汉火神山医院[1]

（1）概况

1月23日，武汉市政府要求中建三局、中信建筑设计研究总院等四家建设公司，按北京"小汤山"医院模式，在蔡甸区武汉职工疗养院附近建设新型冠状病毒肺炎集中隔离治疗点——武汉蔡甸火神山医院。建筑和设计单位在小汤山医院建筑图纸基础上，针对选址和疫情特点进行优化设计。

医院地上总建筑面积25000m²，局部地上二层，主要由诊室、病房等功能房间组成。

（2）空调设计

所有无洁净度要求的各功能区均采用分体冷暖空调，分体空调带辅助电加热，为保证冬季制热效果，每间病房预留辅助电热油汀插座备用。同时，要求安装分体空调机的病房冷凝水不可随意排放，应排至病房卫生间的地漏，同污水、废水集中处理后再排放。

（3）通风设计

1）有组织通风：该医院是个比较特殊的公共场所，为确保气流有序流动，减少相互交叉感染，需设计专门的通风系统。

2）对产生有味有害气体、水汽和潮湿作业的试验用房、病房、检查室、医务办公等房间设机械送排风系统，分区设置，新风机设电辅助加热，直接送至病房区的洁净走廊内。在病房的下部及卫生间的顶部设排气扇排风，然后通过排风管收集，经排风机集中排放，设计中通过对各房间有组织送排风，并通过余压阀设定房间送排风量，维持各检验室、试验用房、传染病房等房间负压，医生办公及护士站等房间正压，有效控制气流流向，为其提供合理的气流组织。

3）各病房区域均设独立的排风系统。对化验室、处置室、换药室等污染较严重的场所，设局部单独排风系统。

4）医护人员走廊及医护人员房间：设置集中送风系统和排风系统。送排风量差值维持室内正压，防止污染区空气流向该区域。负压隔离病房与其相邻区域缓冲间、洁净走廊压差应保持不小于5Pa的负压值（附表1-1）。

各区域的压力值表（Pa） 附表1-1

服务区域	负压病房	缓冲间	洁净医护走廊	办公/更衣
压力值	−15	0	5	10

5）所有送风系统均设置初效、中效、高效过滤器，以保证送风洁净。

6）所有排风系统均设置初效、中效过滤器、高效过滤器。以减小排风污染环境或停机时倒灌影响室内环境；在此基础上排风是否再做进一步处理，由医院使用方或医疗专家做最终确定。所有送风系统的室外进风口均采自高空空气，进风口距屋面6.0m。送、排风口间距尽量远离，水平间距至少20m以上。

7）安装于屋面的新风机及设于地面的排风机均采用低噪声离心式风机箱，风机设备并考虑备用，以便设备故障及时更换。设于室外裸露的风机由施工单位现场设防风防雨遮挡防护等措施，设置在地面的排风机应设基础高于地面0.5m（防雨防潮），确保设备运行安全无故障。

8）所有病房区及医生办公室区域有条件及设备供货允许的情况下设壁挂或移动式空调净化器过滤设备，保证医院各功能房间的空气品质，为医务人员和病人创造更好的环境。

9）所有病房区的排气扇及送排风机的开关应由专门人员统一控制，病人不可随意开关。

10）医护人员走廊及医护人员房间采用集中送风系统，病人房间采用房间排气扇排风，排风管穿墙体应严密、不漏风。

11）送风口均设调节阀。离风机近者阀门开度为50%，最远者阀门开度为100%，中间部分按此规律调节。

12）所有风机均进出口处设软连接。风机为低噪声型。医护人员房间每个房间均设置送排风口，位置以气流组织不短路为原则。

2．武汉雷神山医院[2]

（1）概况

武汉雷神山医院选址在江夏黄家湖区域，是武汉蔡甸火神山医院之外的另一座"小汤山医院"。将新增床位1500张，分为两栋建筑，建筑面积约3万m²，可容纳2000名医护人员工作。项目将分两期建设，一期按1000张床位，与火神山医院一样，雷神山医院也是施工与设计同步，工程于2020年1月24日（除夕当晚）展开设计，1月26日进场施工，按照工期目标，预计于2020年2月4日完成土建工程，交付卫健部门设备安装，于2月5日左右交付使用。二期工程将视情况按不少于500张床位建设。主要建筑功能为：住院区、医护区、休息区、检验、手术、ICU、CT、MRI、B超、心脑电图。

（2）冷热源及供给系统

本工程无洁净度要求的各功能区均采用风冷热泵型分体空调，夏天制冷，冬季制热，分体空调均带辅助电加热。MRI磁体间、设备机房等房间对温湿度要求严格，采用独立恒温恒湿机房专用空调。手术室、ICU设风冷热泵型洁净式空调机组。所有场所的新风系统均采用低噪声离心风机箱，风机出口处安装电辅助加热，保证出风温度不低于18℃。

（3）通风系统

1）本工程为确保气流有序流动，形成合理的压力梯度，避免交叉感染，需参照《传染病医院建筑设计规范》GB 50849—2014进行通风系统设计。

2）病房及卫生间设机械送、排风系统，每间病房送风量500m³/h，排风量700m³/h，确保房间维持负压，有效控制病毒等污染物传播。病房送风设侧送风口；病房排风设下排风口，风口底部距地面不小于100mm；病房卫生间设侧排风口。各排风口设高效过滤器，送、排风支管设电动密闭风阀可单独关闭进行房间消毒。送、排风机均设置在板房屋面，机械送风总管设初、中、高效三级过滤器，取风口排风口间距不得小于10m。

3）病房污染走道设机械排风系统，风口侧排，排风量不小于6次/h换气，确保该区域维持负压。排风机设置在板房屋面，机械排风总管设高效过滤器，排风口距离临近取风口间距不得小于10m。

4）病房洁净走道及缓冲间、医护洁净走道设机械送风系统，风口侧送或顶送，送风量不小于6次/h换气，确保该区域维持正压，送风机设置在板房屋面，送风总管设初、中、高效三级过滤，取风口距离临近排风口间距不得小于10m。

5）医生护士办公区设机械送、排风系统，送风量不小于6次/h换气，排风量不小于5次/h换气，确保该区域维持正压。送、排风机均设置在板房屋面，机械送风总管设初、中、高效三级过滤器，机械排风总管设高效过滤器，取风口排风口间距不得小于10m。

6）检验区、抢救室设机械送、排风系统，送风量不小于6次/h换气，排风量不小于6次/h换气，确保该区域相对临近区域为负压。送、排风机均设置在板房屋面，机械送风总管设初、中、高效三级过滤器，机械排风总管设高效过滤器，取风口排风口间距不得小于10m。

7）紧急淋浴、更衣、医护卫生间均设机械排风系统，排风量参考4.3节，排风总管设高效过滤器。

8）B超/心脑电、CT检查室、MRI检查室、MRI检查室均设机械送排风系统，送风总管设初、中、高效三级过滤，排风总管设高效过滤器。

9）医护休息区卫生间、清洁间设机械排风系统。

3. 北京小汤山医院[3]

（1）概况

2003年4月下旬，在北京市昌平区小汤山疗养院北部的非典定点病房由4000名工人用7个昼夜建成。医院非典病房区占地122亩，其中建设用地60亩，建筑面积25000m²，可容纳1000张病床。建成东、西区两部分，两区各包含6排可快速搭建的复合轻钢板材料建造的病房，均为搭建的临时建筑。非典病房区总体划分为22个病区，508间病房，其中东区216间病房，西区292间病房。小汤山非典医院是当时世界上最大的传染病防治医院。

（2）通风系统设计

1）医护人员走廊及医护人员房间：设置集中送风系统（S-1、S-2等）和排风系统（P-1、P-2等）。

2）病区：走廊设置集中送风系统（S-1、S-2等），病房采用房间密闭排风机排风，排风机安装应保证与墙体严密、不漏风。

3）所有送风系统均设置初、中、高效过滤器，以保证送风洁净。

4）所有排风系统均设置初、中效过滤器，以减小排风污染环境或停机时倒灌影响室内环境。

5）所有送风系统的室外进风口均采自高空空气，进风口距地6.0m。

6）所有风机均进出口处设软连接并做消声处理，风机为低噪声型。

7）送风及排风系统风口均设调节阀，离风机近者阀门开度为40%~50%，最远者阀门开度为100%，中间部分阀门开度按递增规律调节。

8）排风机安装应保证与墙体严密、不漏风。

参考文献

［1］武汉火神山医院暖通专业设计说明及相关图纸

［2］武汉雷神山医院暖通专业设计说明及相关图纸

［3］北京小汤山医院暖通专业设计说明及相关图纸

附录2 某结核病医院暖通空调设计

（1）工程概况

本工程为结核病控制综合大楼，主楼地上15层，地下2层，建筑总高度为63.7m，总建筑面积为26340m²。建筑功能包括门诊、急诊、耐多药门诊、住院部、医技科室、科研实验室及后勤保障部用房等功能部分，是一栋集结核病预防、科研教学、项目开发、临床于一体的综合服务大楼。

结核病为空气传播的呼吸道疾病，控制空气传播，降低医护人员的感染风险是本项目设计的关键点和难点。

（2）设计参数

1）室内空气设计参数如附表2-1所示。

室内空气设计参数 附表2-1

房间类型	夏季空调		冬季空调		新风量 [m³/(h·p)]	噪声 [dB(A)]	备注
	温度（℃）	相对湿度（%）	温度（℃）	相对湿度（%）			
门厅	26	65	18	35	25	55	
办公	25	60	20	40	30	45	
会议	25	65	20	40	30	50	
候诊区	25	60	20	40	40	50	
诊室	25	60	22	40	40	45	
值班	25	60	20	40	40	40	
急诊	26	60	20	40	3次/h	45	独立空调

续表

房间类型	夏季空调		冬季空调		新风量 [m³/ (h·p)]	噪声 [dB (A)]	备注
	温度 (℃)	相对 湿度 (%)	温度 (℃)	相对 湿度 (%)			
更衣	26	60	18	40	1.5次/h	45	
病房	25	60	21	40	3次/h	40	
ICU	25	60	22	40	50	40	净化空调
手术室	24	60	24	50	50	40	净化空调
中心 药房	25	60	20	40	30	45	
核磁共 振CT室	22	60	22	30	—	—	恒温恒湿 空调

2）房间通风设计参数如附表2-2所示。

房间通风设计参数　　　附表2-2

房间名称	排风		送风		备注
	换气次数 (h⁻¹)	方式	换气次数 (h⁻¹)	方式	
门厅、 候诊区	6	机械排风	4	机械送风	空调新风
病房 （7~11F、 13F）	4.5	机械排风	3	机械送风	空调新风
负压病房 （12F）	9	机械排风	6	机械送风	空调新风

房间名称	排风		送风		备注
	换气次数（h⁻¹）	方式	换气次数（h⁻¹）	方式	
手术室、ICU	6	机械排风	5	机械送风	全新风系统
隔离诊室	6	机械排风	5	机械送风	
普通诊室、治疗室	4.5	机械排风	3	机械送风	空调新风
纤支检查室	6	机械排风	4	机械送风	空调新风
医疗器械库房	4	机械排风	3	机械送风	
卫生间	15	机械排风	—	自然补风	
污物间	10	机械排风	—	自然补风	

（3）冷热源

空调冷热负荷及采暖热负荷经计算，本工程空调系统冷负荷为3134kW，空调系统热负荷为1396kW。单位面积冷负荷119W/m²，单位面积热负荷53W/m²。

1）冷源配置

根据工程实际，并充分考虑医院新旧建筑间之间的关系，空调冷源采用电制冷冷水机组，为实现运行节能和对负荷变化更好的适应性，以及确保手术部、ICU等重要场所全年供冷的不间断性，设计选用高效率的冷水机组，并进行类型、数量和单台容量的合理搭配，既可实现多种运行组合和低负荷调节需求，又可通过用电等级确保关键场所冷源不间断。

设计选用2台450RT的离心式冷水机组提供大楼夏季冷源，其中1台为变频机组。夏季，所有冷水机组为整个医院提供中央冷源；过渡季或部分负荷时可仅开启变频冷水机组，以满足部分区域（手术部、CCU、ICU、静脉配置中心等）的供冷需求和24h值班区域的供冷需求，该机组电源全年保证。

2）热源配置

空调及生活热源由燃气热水锅炉提供，综合生活热水的需要（1500kW），设计选用3台制热量为125万kcal/h的燃气热水锅炉，以天然气为燃料，耗气量为470Nm³/h，锅炉提供的一次侧热水供回水温度为90℃/70℃。空调热水选用2台水-水板式热交换器，水-水板式热交换器、热水泵和集分水器均设置在地下二层的空调换热房内。

上述冷热源设计为原设计情况，据了解业主后期请一家合同能源公司将冷热源改为了水源热泵，水源侧为采用抽取地下水的形式。

（4）空调水供给系统

1）空调冷热水系统

①采用机房四管制切换，分区两管制闭式循环水系统。冷水泵、热水泵分设，均采用一次泵系统。空调冷水供回水温度为6℃/12℃，空调热水供回水温度为60℃/45℃。

②根据需要分成四个水系统：污染区FCU水系统、洁净区FCU水系统、AHU/PAU水系统、ICU和手术室水系统。水系统为异程式，每层水平管路在回水管上设置平衡阀，以确保空调水系统平衡。

③冷水系统采用机组侧定流量、负荷侧变流量运行，热水系统采用机组侧和负荷侧均变流量运行。各空调机组、新风机组配动态流量平衡电动比例调节阀，风机盘管配电动两通阀，使各区域的温度得以控制并确保水系统水力平衡。

④冷水系统和热水系统分别设置闭式膨胀定压装置。水系统高处设放

气阀，低点设排水阀。

2）空调冷却水系统

冷却塔设在通风良好的主楼屋面，设置处理能力为400t/h的冷却塔2台，冷却水供回水温度为32℃/37℃。

3）空调冷凝水系统

空调的冷凝水系统按污染区和清洁区进行划分，清洁区冷凝水系统直接排放，污染区冷凝水系统集中收集，经给水排水专业集中处理后在进行排放。

（5）空调系统

1）门厅、候诊区设置独立的全空气空调系统，新风换气次数大于3次/h，在过渡季节或传染病暴发期可转换为全新风运行状态，这些区域设置独立的排风系统，与空调箱连锁控制。空调箱中设置有初、中效过滤器。

2）小型诊室、医务人员的办公区等采用风机盘管加新风系统，新风采用初、中效过滤处理。

3）根据业主要求，从造价角度考虑，病房层空调系统设置如下：

7~11层和13层的病房采用普通风机盘管加新风系统，新风换气次数为3次/h。12层的病房采用带回风高效过滤器的高静压洁净风机盘管机组，回风口设置在病人床头离地300mm处。新风系统采用洁净新风空调箱，空调箱中设置初、中效空气过滤器。新风换气次数为6次/h。

4）急诊部设置独立的变制冷剂流量多联空调系统，满足24h运行状态。

5）手术室、重症监护室（ICU）以及P2实验室设置独立的净化空调系统，并采用全新风直流空调系统，每个系统均设有初、中、高效三级过滤。同时各房间设置压差传感器，以检测、显示负压值。

6）MRI、CT等特殊专业医技用房以及电气网络机房分别设置风冷水冷（冷冻水）双冷源独立型机房专用恒温恒湿空调机组，保持室内的恒温恒湿要求，并设置独立排风系统。室外机设于屋顶。根据医技设备的工艺要求，机组设置位置考虑防电磁干扰，穿越医技用房的风、水管采取防辐射措施。扫描间内的风口采用非磁性、屏蔽电磁波的风口。

7）放射治疗科的空调系统根据放射性同位素种类与使用条件划分系统，采用全新风直流空调系统。

8）大楼消防控制中心设分体热泵空调器。电梯机房设单冷分体空调。

（6）通风设计

1）医院根据各医疗功能分设清洁区、半污染区、污染区。各区的空调送排风系统分区独立设置，并应使各区压力从清洁区→半污染区→污染区依次降低，清洁区为正压区，污染区为负压区。清洁区的送风量大于排风量，污染区的排风量大于送风量。

2）气流组织应防止上送排风短路，送、排风口的定位使洁净空气首先流过房间中医务人员的工作区，然后流过污染源进入排风口。污染区的排风口设于房间的下部。

3）P2实验室、手术室、ICU、耐多药病房等均设置独立通风系统，其排风系统设置初、中、高效三级过滤。

4）病房区分层设置独立的送、排风系统，在每间病房的送、排风支管上均设置电动密闭阀与定风量阀，电动密闭阀与相应风机连锁启闭，防止各房间空气交叉感染，且满足每间病房单独消毒的需要。病房维持一定负压。每间病房的排风口设置在病人床头离地300mm处，排风口设置高效过滤器。排风机设置于屋顶，总排风管出口设置高效过滤器。

5）病房卫生间设置排风系统，与病房排风系统一起考虑，分层排放处理。

6）门诊厅、候诊区、走道等人流较多的区域均设置独立的机械排风系统，排风管出口设置高效过滤器。

7）急诊隔离区、隔离诊室设置独立的排风系统，房间保持不小于5Pa的相对负压。

8）医疗废弃物处置间、医疗区卫生间废气、医疗设备房排气、检验科等废气均由各个独立的排风系统按分区的原则进行处理排放，并设置相应的灭菌、消毒或过滤吸收装置。

9）检查室、控制室和暗室设排风系统，自动洗片机排风需采用防腐蚀的风管。排风管上设置止回阀。

10）核磁共振机的液氦冷却系统设置独立的排风系统，管道采用非磁性材料。

11）无污染的办公室、会议室、各医疗部门等设机械排风系统。排风量根据新风量按维持室内微正压的空气平衡计算确定。

12）医院的排风系统排出口的设置远离新风口以及人员密集的场所，具有传染源性质的排风应经过消毒净化处理后方能排放。

（7）环保设计

1）冷水机组、冷却塔、风机、水泵、空调机组等均选用低噪声设备。

2）通风空调系统设置消声器。冷水机组、水泵均采取减振隔振措施。

3）风机、空调机组、水泵与管道接口采用柔性连接。

4）所有空调机房围护结构内侧贴吸声材料。冷冻机房控制室采用隔声门和隔声玻璃窗。

5）冷源的制冷剂采用环保型。

6）实验室通风柜排风（经处理）通过竖井排至屋面，高空排放。

（8）卫生防疫措施

1）洁净区域的通风设计采取有效的除菌措施，防止交叉感染。

2）通过机械通风设施排除医院各部门产生的臭味、粉尘、有害气体及散发出来的致病菌，并对排风经过处理后高空排放。

3）排风系统的排出口位置避免在人员逗留区，具有传染源性质的排风应经过消毒净化处理后达到排放标准方能排放。

4）实验室通风柜排风（经处理）通过竖井排至屋面，高空排放。

（9）节能设计

1）根据建筑的墙体构造，采用热工性能热惰性较高材质作为建筑的外围护结构，围护结构的热工系数符合《公共建筑节能设计标准》GB 50189—2005的规定。

2）设置1台变频式离心冷水机组，以满足部分负荷工况的使用要求。

3）空调热水系统采用单式泵变流量方式，节省水泵运行能耗。

4）空调冷水系统采用大温差，减少了水系统流量，节省水泵能耗。

5）利用天然冷源，设置冷却塔冬季免费供冷系统。

6）空调系统的风管、水管的保温材料均采用导热系数小的优质保温绝热材料，并校核其保温层的具体厚度。

7）空调系统的冷水机组采用制冷性能系数高的机组产品，通风系统中的各设备均选择高效率、低能耗的产品。

8）所有空调通风设备均设置自动控制系统，采用切实可行的自控系统，以控制室内的空气参数，防止过冷、过热，节省运行费用。

9）空调系统考虑过渡季节加大新风或全新风运行的可能性，节省能源和运行费用。

10）根据规范要求需设置全新风直流系统的场所，其空调机组在没有空气传染病菌时期可进行回风运行，节省能耗。

（10）动力设计

1）本工程设置应急柴油发电机组，设计配套燃油供应系统及柴油发电机组的排烟系统。

2）在应急柴油发电机房内设置1m³的日用油箱，并设在专用的油箱间内。在室外绿化地带内另设贮油罐，确保柴油发电机能连续运行40h。柴油发电机产生的高温烟气通过烟道从主楼屋顶向高空排放。

附录3　新型冠状病毒肺炎应急医院医用气体设计案例

1. 西安市公共卫生医疗中心

（1）概况

西安公共卫生应急医疗中心新型冠状肺炎应急医院按北京"小汤山"医院模式建设，主要作为收治新型冠状肺炎等传染性患者的应急医院。

应急医院由集装箱式板房结构组成，普痛病房459床，ICU30床，手术室1间，复苏室2床，CT功能检查用房3间，总共用气点位495个。

本项目的医用气体系统包含医用中心供氧系统、医用中心吸引系统、医用空气压缩机系统。

（2）医用中心供氧系统

1）医用中心供氧系统流量计算

$$Q=\sum[\ Q_a+Q_b(\ n-1\ )\gamma\%\ ]=10+6\times(\ 459-1\ )\times100\%+75+75\times100\%$$
$$=308m^3/h$$

其中普通病房按ICU氧气使用量，同时使用率按100%计算，ICU为重症病人，按CPAP呼吸机氧气使用量，同时使用率按100%计算。

2）供氧源选型

由于氧气供应量大，选择两台医用液氧贮罐作为医院主用备用氧源，液氧贮罐工作压力1.2MPa，可以通过提高主管道氧气输送压力确保氧气供应量。

每台液氧贮罐配置汽化量400m³/h汽化器一台、一级减压装置两台，两套液氧贮罐一用一备，满足供氧冗余设计。

应急备用氧源采用10+10自动切换汇流排，确保生命支持区域氧气不间断供应。

附图3-1　供氧站实景照片

3）氧气供应源站房选址

医用氧气供应源氧气贮罐属于乙类火灾危险类别，其与医疗卫生机构及道路等构筑物防火间距满足消防要求。其设置于非隔离区内，而且处于常年风向的上风向。满足使用要求。供氧站实景照片见附图3-1。

附图3-2　医用氧气减压装置

4）管网及附件

氧气供应源分气缸接出三根主管道，分别负责普通病房、ICU、手术室氧气供应，实现分区供应，生命支持区域氧气单独从氧气供应源接出，确保供气安全。氧气系统经减压后使用，减压装置见附图3-2。

医用氧气进入隔离区位置设置防回流装置，避免病毒等回流到供应源。

普通病房氧气主管道设计$\phi 45 \times 2$，ICU氧气主管道$\phi 32 \times 2$，手术室氧气主管道$\phi 22 \times 2$，普通病房病区氧气副管道$\phi 28 \times 2$，病房支管道

$\phi 10 \times 1$，确保医用氧气流量输送。

每个病区设置一台大流量二级稳压箱，氧气主管道输送压力0.8MPa，通过楼层二级稳压箱稳压0.4MPa，确保减压装置流量满足病区吸氧要求。

（3）医用中心吸引系统

1）医用中心吸引系统流量计算

$Q=\sum [Q_a+Q_b (n-1) \gamma \%]=40+40\times (489-1)100\%+\cdots=1180m^3/h$

其中普通病房按ICU氧气使用量，同时使用率按100%计算。

2）医用真空供应源选型

根据医用中心吸引系统流量计算，设计时考虑多台真空泵同时运行满足峰值，因此，选择单台抽气量300m³/h油润滑旋片式真空泵5台，四用一备，并配置5台医用真空专用除菌过滤器。

A．除菌过滤器过滤精度0.01μm，过滤效率99.99%。可将细菌完全阻隔在过滤器当中。

B．油润滑旋片式真空泵运行时，油箱中油温能达到120℃高温，也可以将废气当中残留的细菌及病毒杀灭。

双重保障，确保医用真空供应源排出废气不会造成交叉污染。

3）医用真空供应源选址

医用真空供应源位置设置于应急医院及医用空压机房常年风向的下风向。而且其设置于隔离区内，避免交叉感染。

医用真空废气排放口设置于常年风向的下风向，排气口位于室外，位于与医用空气进气口的下风向，且与建筑物的门窗、其他开口的距离不应少于5m。

4）管网及附件

医用真空集气缸接出3根主管道，分别负责普通病房、ICU、手术室医用真空供应，实现分区供应，生命支持区域医用真空单独从供应源接出，确保供气安全。

普通病房医用真空主管道设计$\phi 108 \times 3$，ICU真空主管道$\phi 108 \times 3$，手术室真空主管道$\phi 38 \times 2$，普通病房病区医用真空副管道$\phi 57 \times 2$，病房支管道$\phi 12 \times 1$，确保医用氧气流量输送。

（4）医用空气供应源

1）医用空气系统流量计算

$$Q=\sum [\ Q_a+Q_b(\ n-1\ )\gamma\% \ ]=60+30\times(\ 30-1\ )100\%+\cdots=68m^3/h$$

根据院方要求只设计ICU和手术室医用空气用量，因此计算出流量为$68m^3/h$。

2）医用空气供应源选型

设备选型时考虑到应急医院后期如果增加使用量，选择两台11kW微油空气压缩机加活性炭过滤器，单台空压机产气量$108m^3/h$，完全满足医院将来扩容需求。

3）医用空气供应源站房选址

医用空气供应源站房及进气口位于医院常年风向的上风向，而且设置于非隔离区。医用空气进入隔离区位置设置防回流装置，避免病毒等回流到供应源。

2. 四川大学华西医科大学第一附属医院负压病房医用气体改造项目

（1）项目概况

本项目为华西医大附一院负压病房医用气体改造工程，项目实施地点位于华西医大附一院内。工期要求，总工期7d。本次改造主要内容为传染楼一层、二层共20间负压病房医用气体改造。包括单独引一路主管至传染楼二层，在每层储物室内设置双回路、大流量二级稳压箱两台，一用一备，氧气需求量大时也可两台同时使用。在每层走廊位置安装氧气压力监测报警装置

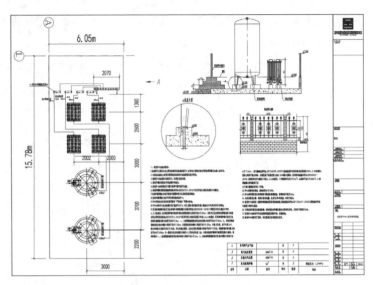

附图3-3　医用液氧供应源

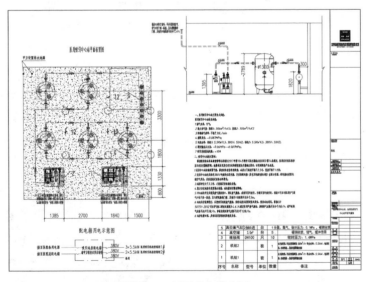

附图3-4　医用真空供应源

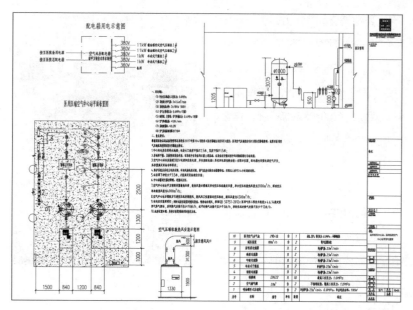

附图3-5　医用压缩空气供应源

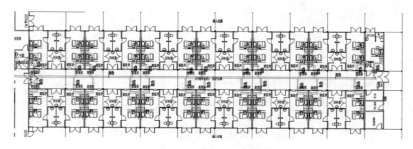

附图3-6　医用气体平面布置图

1台，监测楼层氧气压力是否正常。每间病房在附图3-7所示位置新装设备带，每床位配置氧气终端2只，开关1只，床头灯一套，电源插座4只。每层设置传呼系统一套，包含传呼主机、分机、显示屏。

（2）本项目针对性设计

附图3-7　病房照片

由于本项目的特殊性，需要在极短时间内建成，并用于收治感染新型冠状病毒的病人，该类病人在治疗时需要用到高流量的氧气，针对这一情况，在本项目的氧气系统中采取了以下措施：

1）首次采用双二级稳压箱设计，保证病人大流量氧气需求；

2）楼层分区供氧设计，将楼层分成两个病区，每个病区5间病房，各病区分别设置有维修阀，保证需要紧急维修时减少对其他病区的影响；

3）设备带氧气终端配置，正常普通病房国家标准要求每床位配置1只氧气终端即可，针对本项目的特殊情况，在每个病床配置了两只氧气终端，保证连续供氧；

4）设备带电源配置，由于本次病人对呼吸机、监护仪等生命支持设备均有需求，常规设备带每床配置1～2只插座即可，本项目每床配置4只插座，保证各种生命支持设备带电源供应；

5）设备电源线规格，常规病房设备带内电源线采用2.5m^{2}即可，本项目设备带内电源线采用4m^2，能够保证各医疗器械的负载要求。

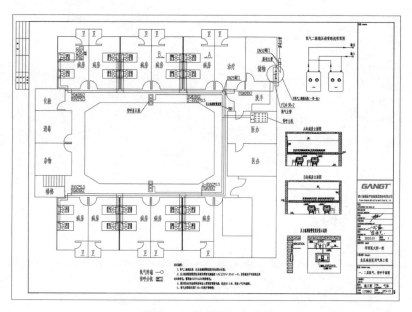

附图3-8　病房改造平面图